安全心理学

杨鑫刚 编著

北京理工大学出版社
BEIJING INSTITUTE OF TECHNOLOGY PRESS

内 容 简 介

《安全心理学》主要包含七章内容，涉及人的心理过程与安全、个性心理与安全、激励与安全生产、生产环境因素与安全、工作分析与人机分配、心理救援。其中，第二、三章介绍安全心理的内部因素，第五、六章介绍安全心理的外部因素，第四、七章为实际生产应用举例，每一章都给出了复习思考题。

本教材内容丰富、概念清晰、实用性强，不但可作为安全工程专业的本科教材，也可作为非安全工程专业的自学参考教材。

版权专有　侵权必究

图书在版编目（CIP）数据

安全心理学／杨鑫刚编著. —北京：北京理工大学出版社，2021.4（2024.8重印）
ISBN 978-7-5682-9623-6

Ⅰ．①安… Ⅱ．①杨… Ⅲ．①安全心理学-高等学校-教材 Ⅳ．①X911

中国版本图书馆 CIP 数据核字（2021）第 044154 号

出版发行　／　北京理工大学出版社有限责任公司
社　　址　／　北京市海淀区中关村南大街 5 号
邮　　编　／　100081
电　　话　／　（010）68914775（总编室）
　　　　　　　（010）82562903（教材售后服务热线）
　　　　　　　（010）68948351（其他图书服务热线）
网　　址　／　http：//www.bitpress.com.cn
经　　销　／　全国各地新华书店
印　　刷　／　北京虎彩文化传播有限公司
开　　本　／　787 毫米×1092 毫米　1/16
印　　张　／　11　　　　　　　　　　　　　　　　　责任编辑／王晓莉
字　　数　／　220 千字　　　　　　　　　　　　　　文案编辑／王晓莉
版　　次　／　2021 年 4 月第 1 版　2024 年 8 月第 2 次印刷　责任校对／刘亚男
定　　价　／　36.00 元　　　　　　　　　　　　　　责任印制／李志强

图书出现印装质量问题，请拨打售后服务热线，本社负责调换

前 言

安全心理学是在心理学和安全科学的基础上，综合多种相关学科的成果而形成的一门独立学科。它是一门应用心理学，研究劳动生产过程中人的心理特点，探讨心理过程、个体心理特征与安全的关系，人-机-环（境）系统对劳动者的心理影响，心理-行为模式在安全工作中的应用，并提出安全管理的对策和预防事故的措施。安全心理学是安全工程专业的专业选修课，也可以作为非安全工程专业的安全素质提升课程。

国内目前可供使用的教材很多，但内容和表述方式大同小异。编者在长期的教学实践中发现，由于安全心理学属于心理学的一个分支，早期的安全心理学教材大多注重安全心理学原理的论述，理论与实际联系的内容偏少，不符合工科及管理类等非心理学专业学生的特点与要求。基于此，编者编写了这本《安全心理学》，旨在更好地将安全心理学的内容与实际应用相结合，从而更好地提高学生理论联系实际的能力。

本教材力求做到以下几点。

1. 在内容上力求做到科学性、系统性、基础性和前沿性

本教材从科学角度来讨论劳动生产过程中各种与安全相关的心理现象，应用心理学的原理和安全科学的理论，说明安全心理学的知识结构，论述安全心理学的基本概念、基本理论、基本规律和基本方法。

2. 在功用上力求做到广泛性和实用性

本教材结合生产实际及国家和国际相关标准，系统介绍事故与心理、心理过程与安全、个性心理与安全、激励与安全生产、生产环境因素与安全、工作分析与人机匹配、心理救援等内容，从内在因素到外部环境因素，从理论分析到实际应用，有助于提高学生学以致用的能力。

3. 在风格上力求做到简洁性和趣味性

本教材在编写上力求深入浅出，语言简单明了，所举案例生动有趣。

本教材在编写过程中，参考了大量的相关资料，特向资料的作者致谢！在教材的编写

过程中，林云、韩李元、郝霞霞、蒋陈颖、左栀、任晓琳、罗一芳等付出了大量的工作，在此一并感谢！

在这里还要感谢中国劳动关系学院教务处对本教材编写给予的大力支持和关注。

编 者

2020 年 8 月

目 录

第一章 概论 …………………………………………………………………… (1)
    第一节 安全心理学概述 ………………………………………………… (1)
    第二节 安全生理与心理 ………………………………………………… (15)
    第三节 安全心理学对事故的分析方法 ………………………………… (30)

第二章 人的心理过程与安全 …………………………………………………… (32)
    第一节 认知过程与安全 ………………………………………………… (32)
    第二节 情感过程与安全 ………………………………………………… (47)
    第三节 意志过程与安全 ………………………………………………… (53)

第三章 个性心理与安全 ………………………………………………………… (57)
    第一节 个性及其与安全的关系 ………………………………………… (57)
    第二节 需要、动机与安全 ……………………………………………… (59)
    第三节 兴趣与安全 ……………………………………………………… (65)
    第四节 性格与安全 ……………………………………………………… (69)
    第五节 气质与安全 ……………………………………………………… (74)
    第六节 能力与安全 ……………………………………………………… (80)

第四章 激励与安全生产 ………………………………………………………… (86)
    第一节 激励概述 ………………………………………………………… (86)
    第二节 激励与安全生产 ………………………………………………… (94)
    第三节 安全目标管理的激励 …………………………………………… (103)

第五章 生产环境因素与安全 …………………………………………………… (107)
    第一节 生产环境的采光、照明与安全 ………………………………… (108)
    第二节 生产环境的色彩与安全 ………………………………………… (112)
    第三节 生产环境的噪声、振动与安全 ………………………………… (118)
    第四节 生产环境的微气候条件与安全 ………………………………… (125)

第六章 工作分析与人机匹配 …………………………………………………… (133)
    第一节 工作分析 ………………………………………………………… (133)
    第二节 心理测验与人员选拔 …………………………………………… (139)

第三节 工作设计与人机匹配……………………………………………（144）
第七章 心理救援………………………………………………………………（148）
　　第一节 心理救援与主要使命……………………………………………（149）
　　第二节 心理创伤的危机干预……………………………………………（151）
　　第三节 危机干预的实施方案……………………………………………（158）
参考文献……………………………………………………………………………（165）

第一章

概 论

人类的活动过程总是在各种各样的人-机-环(境)系统中进行的,在这一系统中,人是主要因素,起着主导作用,但人也是最难控制和最薄弱的环节。本章将介绍安全心理学概述、安全生理与心理、安全心理学中的事故分析方法。

第一节 安全心理学概述

一、安全心理学与人的心理现象

(一) 安全心理学的定义

人的心理现象是宇宙间最复杂的现象之一,每个人都想更多地了解自己。人类在漫长的发展历史中,经历了无数次的事故,留下了惨痛的教训。这些事故为什么发生?它们与人自身有无关系?能否从人的角度来预测、预防和控制事故的发生?经过对这些问题的思考,以解释、预测和调控人的行为为目的,通过研究、分析人的行为,揭示人的心理活动规律,最终达到减少或消除事故的学科诞生了,这就是安全心理学。安全心理学是应用心理学的原理和安全科学的理论讨论人在劳动生产过程中各种与安全相关的心理现象,研究人对安全的认识、人的情感,以及与事故、职业病的关系,研究人在对待和克服生产过程中不安全因素时的心理过程,旨在调动人对安全生产的积极性,发挥其防止事故发生的作用。

心理学的英文为 psychology，它是由古希腊文字 psyche 和 logs 组成的。psyche 的含义是"心灵"或"灵魂"；logos 的含义是"讲述"或"解说"。psyche 和 logos 合起来就是"对心灵或灵魂的解说"，这可以说是心理学最早的定义。但历史上心理学长期隶属于哲学，该定义只具有哲学意义，并没有对概念进行科学的解释。心理学成为一门独立学科以后，其研究内容几经演变，直到 20 世纪中期以后才相对地统一为如下定义：心理学是研究人的行为和心理活动规律的科学。

心理学就是要研究人的心理。然而心理活动发生在大脑，不能直接观察或度量，怎样去了解呢？幸好，心理活动有外部的行为表现，并且其外显的行为表现是受内隐的心理活动支配的。比如，你哭是因为你悲伤，你笑说明你高兴，等等。在这里，"哭"的外显行为是由"悲伤"这一内隐心理活动支配产生的。所以，一方面通过对行为的观察，我们具有了探讨内部心理活动的可能；另一方面，心理活动是在行为中产生，又在行为中得到表现。上例中，你哭，是因为你受到打击或失去了所爱；你笑，是因为你在工作上取得了成功或得到了满足。心理和行为相互依存、相互影响，二者之间的转换关系是遵循一定规律的。

心理学研究的目的就是要探讨心理活动规律，对人的心理和行为作出科学的解释。

当然，社会条件、身体条件、年龄和性别不同的人，心理活动有很大的不同，对同一件事情的行为反应也并不一样。但他们都受多种共同规律的制约。当掌握了各种心理活动与行为之间的规律时，便可以对人的行为加以解释、预测和调控。比如，教师很希望学生去参加一个活动，他就会说这个活动多么好、多么有意义、多么值得参加，在其大力鼓动下，大多数人都会去；但如果教师不想让学生去，他就会说这个活动意义不大、问题较多、去了会惹麻烦等，这样，去的人数就少。

总之，心理活动是内隐的，而行为是外显的。外显的行为受内隐的心理活动支配；反过来，心理活动也只有通过行为才能得到发展与表现。要掌握人的心理规律，必须从研究人的行为入手；而要了解、预测、调节和控制人的行为，则更需要探讨人们复杂的心理活动规律。此外，心理活动不是虚无缥缈的，由于它在大脑中产生，必然受到生物学规律的支配；同时，人是最高等的社会性生物，一切活动都无法摆脱社会、文化方面的影响，这就使得心理学兼有了自然科学和社会科学的双重性质。

上述心理学的定义，现已被普遍接受。但它来之不易，是经历了数千年的不断争论，伴随着心理科学的发展而不断演变形成的，也是安全心理学的基础。

（二）人的心理现象

人的心理现象是心理学研究的主要对象，它包括既有区别又紧密联系的心理过程和个性心理两方面，见图 1-1。

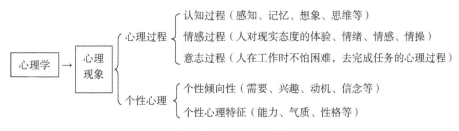

图 1-1 人的心理现象

心理过程是人的心理活动的基本形式,是人脑对客观现实的反映过程。最基本的心理过程是认知过程,它是人脑对客观事物的属性及其规律的反映,即人脑的信息加工活动过程。这一过程包括感觉、知觉、记忆、想象和思维等。人在认识客观事物时,不会无动于衷,总会对它采取一定的态度,并产生某种主观体验,这种认识客观事物时所产生的态度及体验,称为情绪和情感。情绪和情感在心理学中略有区别,前者与生理的需要满足有关,后者与社会性的需要满足有关。根据对客观事物的认识,自觉地确定目标,克服困难并力求加以实现的心理过程,称为意志。认知、情感、意志这三种心理过程,既有区别,又互相联系、互相促进,共同形成完整的心理过程。

心理过程是人类共有的心理活动。但是,由于每一个人的先天素质和后天环境不同,心理过程在产生时又总是带有个人的特征,从而形成了不同的个性。个性心理包括个性倾向性和个性心理特征两个方面。个性倾向性是指一个人所具有的意识倾向,也就是人对客观事物的稳定态度。它是人从事活动的基本动力,决定着人的行为方向,主要包括需要、动机、兴趣、理想、信念和世界观等。个性心理特征是一个人身上表现出来的本质的、稳定的心理特点。例如有的人有数学才能,有的人有音乐才能,这是能力方面的差异;在行为表现方面,有的人活泼好动,有的人沉默寡言,有的人热情友善,这些是气质和性格方面的差异。能力、气质和性格统称为个性心理特征。

个性倾向性和个性心理特征都要通过心理活动才能逐渐形成。个性心理形成后又作为主观内因制约心理活动,并在心理活动中表现出来。因而,每个人的各种心理活动必然带有个人本身的特点。事实上,既没有不带个性心理的心理过程,也没有不表现在心理过程中的个性心理,两者是同一现象的两个侧面。例如,以骄傲这种个性心理特征而言,在认识过程中常表现为漫不经心、不求甚解;在对待他人的情感上,常表现为孤芳自赏、夜郎自大;在意志上则表现为刚愎自用、独断专横。所以,人的心理过程与个性心理有密切关系,它们构成了人的心理现象。在劳动和生活中,人的行为无一不受心理现象的支配,客观事物的改变无一不与人的心理现象有关。所以,一切有关人类的科学都与心理学有着有机的联系,尤其是安全科学更是如此。

二、安全心理学的产生与发展

安全心理学的产生和发展经历了漫长的理论准备和实践应用的演化过程,这个过程可用图 1-2 表示。

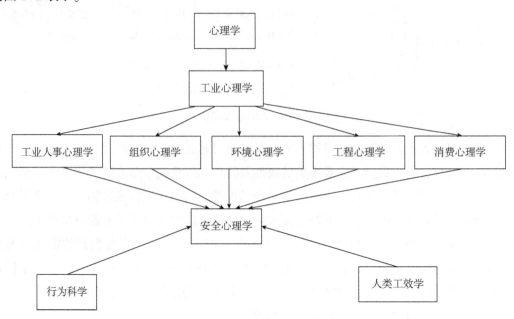

图 1-2 安全心理学的产生与发展

安全心理学的产生与发展与工业心理学是不可分割的，讨论安全心理学的发生和发展，不能不涉及工业心理学的产生和发展。工业心理学是研究工业系统中人的心理活动规律及其具体应用的学科。它主要研究工作中人的行为规律及其心理学基础，内容包括管理心理学、劳动心理学、工程心理学、人事心理学、消费者心理学等。工业心理学除了研究人际关系、人机关系、人与工作环境的关系外，还需要研究劳动作业的内容、方式、方法与人的工作效能的关系问题。工业心理学的产生和发展主要经历了下述几个阶段。

（一）20 世纪初的发展

1. 泰勒的贡献

20 世纪初，工业革命以后，机械化普遍推广，市场逐渐扩大，为提高劳动生产率，美国工程师泰勒（Taylor）着重进行实践研究。泰勒出身于律师家庭，年轻时本打算继承父业，但受视力严重下降的影响，不得不放弃在哈佛大学法学院学习的机会，去工厂当了学徒。他的大部分时间是在宾夕法尼亚州的米德韦尔和伯利恒钢铁公司度过的，从一名普通工人到领班、工长，最后任总工程师。他对工人处境、劳动状况有着丰富的实践体验，并由此引发了对通过提高低效工人劳动效率来改变企业工作状况的思考。对此，泰勒提出了科学管理的基本思想，要求人们按正确的方法工作，不断学习一些新东西，以改变他们的工作。作为报偿，人们可以从高效率工作所带来的更多的物质利益和成就感中获得满足。关于这一思想的实践，泰勒指出，管理者必须遵守以下四条科学管理原则。

（1）对工人操作的每个动作进行科学研究，用以替代老的单凭经验的办法。

(2) 科学地挑选工人，并进行培训和教育，使之成长。

(3) 与工人亲密协作，以保证一切工作都按已发展起来的科学原则去做。

(4) 合理分配投资方和工人们之间在工作中的权利和职责，并最终形成双方的友好合作关系。

总体而言，泰勒所从事的企业管理研究的主题是十分鲜明的：一方面，科学研究作业方法，即对作业现场进行观察，对收集到的数据进行客观的分析，进而确定"一个最优的作业方法"，从而为企业管理提供有效的手段；另一方面，在工人和管理层之间掀起一场心理革命，以改善双方的关系。他的工作为心理学在工业上的应用奠定了基础。

2. 冯特及闵斯特伯格的工作

1879年，德国生理心理学家、哲学家冯特（Wundt，1832—1920）在莱比锡大学建立了世界上第一个心理实验室，用自然科学的方法研究心理现象，使心理学开始从哲学中脱离出来，成为一门独立的科学。这一行动标志着科学心理学的诞生，冯特为此被誉为"心理学的始祖"。19世纪后期，生理学、物理学、化学等自然科学都已经相当发达，当时活跃的学术气氛对新学科的产生具有重要的影响。冯特认为，心理学的研究对象是心理、意识，即人对直接经验的感知。如何研究呢？他考虑到化学把物质分解成各种元素，如水可以分解成氢和氧，那么心理学是否也可以同样地通过实验方法分解出心理的基本元素呢？根据这一思路，冯特建立了世界上第一个心理实验室，用实验的方法来分析人的心理结构，冯特的心理学因此被称为构造主义心理学。冯特的实验室里研究得最多的是感觉和意象。他认为感觉是心理的最基本元素，把心理分解成这样的一些基本元素，再逐一找出它们之间的关系和规律，就可以达到理解心理实质的目的。

他的学生闵斯特伯格（Munsterberg，1863—1916）认为对心理学的研究不能在象牙塔内，而应该应用到实践中去。1892年，闵斯特伯格受聘于哈佛大学，建立了心理学实验室并担任主任。在那里，他应用实验心理学的方法研究大量的问题，包括知觉和注意等方面。闵斯特伯格对用传统的心理学研究方法研究实际的工业中的问题十分感兴趣，他的心理学实验室成为工业心理学活动的基地，成为工业心理学运动的奠基石，因此他被誉为"工业心理学之父"。

3. 霍桑实验

随着生产的发展，心理学家认识到，要提高工作效率，不仅要解决好人与事的配合、人与机的配合，还要解决好人与人的配合。因此，工业心理学研究的主攻方向从工业个体心理学转向工业群体心理学，这一转变的里程碑就是梅奥（George Mayo）主持的霍桑实验。在霍桑实验的基础上，梅奥分别于1933年和1945年出版了《工业文明的人类问题》和《工业文明的社会问题》两部著作。

霍桑是一个美国的工厂名，霍桑研究自1924年起持续了5年之久。研究发现，影响员工士气的不是物质条件，而是心理因素。美国明尼苏达州一家煤气公司曾对3 000多名职工进行了工作满意因素的调查，结果发现，首要因素是心理因素，如表1-1所示。

表1-1中所示的结果，颇使一些企业家们感到意外。他们原以为，员工们会把工作报酬列为首要因素。但事实表明，无论男女，工作报酬均列在了工作安全、晋升机会、工作方式、公司地位之后。这表明，心理因素是影响员工士气的主要因素。在这项研究之后，工业管理的方式开始兼顾到心理因素了。霍桑研究使心理学走入了工业和组织管理学领域。

表1-1 工作满意因素的等级

满意因素	男员工所列等级的平均数	女员工所列等级的平均数
工作安全	3.3	4.6
晋升机会	3.6	4.8
工作方式	3.7	2.8
公司地位	5.0	5.4
工作报酬	6.0	6.4
人事关系	6.0	5.4
监督管理	6.1	5.4
工作时间	6.9	6.1
工作环境	7.1	5.8
额外福利	7.4	8.2

（二）第二次世界大战期间的发展

战争期间需要征集大量兵员，这导致了人员选拔和培训措施的发展。复杂的武器系统，需要更好地研究机器如何与操作者配合，即需进一步研究人-机关系，为工程心理学（即人机工程学、人类工效学）的诞生奠定了基础。

（三）第二次世界大战后的发展

自20世纪50年代开始，工业群体理论代替了工业个体理论，1958年开始使用管理心理学（Managerial Psychology）这个名称，代替了原来沿用的工业心理学名称；20世纪70年代，组织心理学（Organizational Psychology）这个名称又取代了管理心理学的名称，标志着工业心理学又迈向了新的领域。

随着现代科学技术的高速发展和工业生产规模的日益大型化，安全问题越来越受到人们的重视和普遍关注。因此，安全心理学在20世纪80年代得到迅速发展，成为安全科学的一门新学科，日益受到人们的重视，有人将它和人机工程学、安全系统工程并列，这三者被誉为现代安全科学的三大理论支柱之一，也是工业心理学的一个重要独立分支。

第二次世界大战后，工业心理学著作大量出版，比较著名的有吉尔默的《工业心理学》、维泰里斯的《工业动机和精神》、布莱克的《工业安全》、海尔里奇的《工业事故的防止》等。美国心理学会成立了工业和管理心理学专业委员会。

三、安全心理学的研究任务、对象和研究方法

(一)安全心理学的研究任务

安全心理学是用心理学的原理、规律和方法解决劳动生产过程中与人的心理活动有关的安全问题,其任务是减少生产中的伤亡事故;从心理学的角度研究事故的原因,研究人在劳动过程中心理活动的规律和心理状态,探讨人的行为特征、心理过程、个性心理和安全的关系;发现和分析不安全因素、事故隐患与人的心理活动的关联以及导致不安全行为的各种主观和客观的因素;从心理学的角度提出有效的安全教育措施、组织措施和技术措施,预防事故的发生,以保证人员的安全和生产的顺利进行。

(二)安全心理学的研究对象

安全心理学要研究安全问题,而影响安全的因素很多,既有人本身的因素,也有技术的、社会的、环境的因素。安全心理学并不企图研究所有影响人的安全的因素,而只是从心理学的特定角度研究人的安全问题。安全心理学也要涉及其他因素,但着眼点是讨论分析其他因素如何影响人的心理,进而影响人的安全。其基本模式可用图1-3表示。

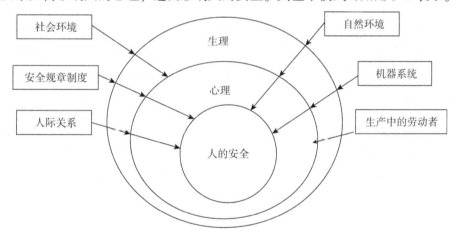

图1-3 安全心理学研究对象的基本模式

安全心理学的研究对象具体有如下几个方面。

(1)生产设备、设施、工具、附件如何适合人的生理、心理特点,如机器设备的显示器、控制器、安全装置如何适合人的生理、心理特点及其要求,以便于操作,减轻体力负荷,保持良好姿势,从而达到安全、舒适、高效的目的。

(2)工作设计和环境设计如何适合人的心理特点,如改进劳动组织,合理分工协作,制定合理的工作制度(包括适宜的轮班工作制),丰富工作内容,减少单调乏味的劳动,确定最合适的工时定额,创造合适的工作空间,布置合适的工作场所进行色彩配置,播放背景音乐,建立良好的群体心理气氛等。

(3) 人如何适应机器设备和工作的要求，包括通过人员选拔和训练，使操作人员能与机器的要求相适应；研究人的作业能力及其限度，避免对人提出能力所不及的要求；根据现代心理学的学习理论，加速新工人的职业培训和提高工人的技术水平，并对训练的绩效进行评价等。

(4) 人在劳动过程中如何相互适应，诸如与安全生产有关的人的动机、需要、激励、士气、参与、意见沟通、正式群体与非正式群体、领导心理与行为，建立高效的生产群体等。

(5) 如何用心理学的原理和方法分析事故的原因和规律，诸如人的行为，与行为有关的事故模式，人在劳动过程中的心理状态，与事故有关的各种主观和客观的因素（如人机界面、工作环境、社会环境、管理水平、个人因素），特别是个人因素（如智力、健康和身体条件、疲劳、工作经验、年龄、个人性格特征、情绪）以及事故的规律等。

(6) 如何实施有效的安全教育，如根据心理学的规律研究切实可行、不流于形式的安全教育方法，引人注目的能起到宣传效果的安全标语和宣传画，培养工人的安全习惯等。

总之，在研究这些问题时，首先要研究人的心理过程的特点以及这些特点对劳动者个人的作用；其次还必须考虑个性心理以及某些个人生活因素。

必须指出的是，虽然安全心理学在探讨事故原因和防止工伤事故中具有重要作用，但在安全科学领域中它只属于"软件"范畴，不能越俎代庖，取代劳动安全"硬件"方面的工作，尤其是安全措施方面的工作（如防火、防爆的技术措施，设备的安全装置等）。做好安全工作，若不从落实组织措施、加强企业管理、改善设备情况、改进工艺流程、改善作业环境条件、加强职工培训等方面去考虑，空谈安全心理学是没有意义的。

（三）安全心理学的研究方法

安全心理学是应用心理科学的一个分支，因此心理学研究中的一般通用方法都可以应用于安全心理学的研究。但由于生产事故的原因是相当复杂的，所以安全心理学的研究方法，除了遵循心理学的一般研究方法外，尚有其本身特点。

1. 调查研究

调查研究包括"望""闻""问"三种手段，即观察法、访谈法、问卷法。

(1) 观察法。观察法是利用视觉器官观察操作者在一定时间内的行为，分析行为是否得当，是否存在不安全的因素，必要时也可采用摄像机等拍摄其动作，分析动作的准确性、协调性等。

观察法可分为自然观察法和控制观察法。

1) 自然观察法是在不影响被观察对象的行为或活动的情况下收集资料。在观察中，观察者要使被观察者不备戒心，不掺杂私人感情及偏见，从客观立场出发进行深入观察，如观察司机驾驶车辆时的行为，分析行为和事故的关系等。国外一些研究表明，有些司机缺乏冷静，一见到步行穿越马路者，不加判断就贸然鸣笛。这种人虽然本身习惯鸣笛，但当他们听到后面的车鸣笛时却非常厌烦,他们有和人吵架的倾向,常常因为冲动而出事故。

2)控制观察法大多是在借用仪器的条件下,观察操作者操作的准确性、协调性,或模拟出现非常事态时,借用仪器观察操作者的行为特征。如日本铁道技术研究所模拟非常事态及出现异常的场面,用仪器测量此时受试者的心理状态,这对安全来说具有很大的意义。

(2)访谈法。访谈法包括与有关人员进行交谈(可以是个别或集体交谈),听取他们的意见,观察其态度、表情等行为。谈话时务必使对方了解谈话的目的,减少不必要的顾虑,以求获得有关某一问题的较详细的信息。目前,这种方法应用广泛,如安技人员、劳保人员对肇事者及有关人员的访谈即属此类。其优点是深入、灵活,可随时考察回答内容的真实性和可靠性;缺点是不容易整理,访谈结果不易数量化,统计分析也比较麻烦。访谈法基本上可分为两大类:结构型访谈法和无结构型访谈法。前者是根据事先拟好的问题大纲,逐一向被访者提问;后者是就某些问题自由交谈。

(3)问卷法。问卷法即书面调查表,是用明确的方式提出一个问题,要求被调查对象做出确切的回答或给予评议。问卷法常要求被调查者对两种截然不同的态度、状态或事物做出明确的回答,这种问卷称为二极表。有些问卷要求被调查者在3~7个等级中做出选择性的回答,如表1-2所示。

表1-2 评定安全态度的问卷项目的不同量表方式

问题	回答
1. 你觉得你单位的安全工作令人满意吗?	满意□ 不满意□
2. 你觉得你单位重视安全生产工作吗?	重视□ 一般□ 不重视□
3. 你常把安全生产挂在心上吗?	从来没有□ 很少□ 有时□ 经常□ 总是如此□
4. 你认为发生事故是不可避免的吗?	非常不同意□ 不同意□ 有点不同意□ 说不准□ 有点同意□ 同意□ 非常同意□

问卷分别采用标准化的打分,因此便于进行统计和分析。但不足之处是,它不可能获得问卷以外的信息,还受被调查对象是否合作以及理解程度的影响,不如访谈法那样可以自由和确切地表达自己的意见。

2. 心理测量

心理测量即采用标准化的心理测验或精密的测量仪器,测量受试者的个性心理和心理过程的差异,如能力倾向测验、人格测验、智力测验、感知-运动协调能力的测验等。对安全来说,心理测量在某些工种(如特种作业)特别重要,如美国心理学家闵斯特伯格对司机的心理测量表明,工作20年从未出过事故的人,测验的成绩最好,常出事故的司机成绩最差,可见心理测验在安全工作中的重要性。

心理测量应考虑两个基本要素。

(1)信度,即测验本身的可靠性或稳定性,测量结果反映所测对象特性的真实程度。如多次测验结果都不变,则信度高;如测验结果相距甚远,则表示该测验不可靠或不稳定,亦即信度很低。如测验的信度很低,则无法达到测量的目的。信度的种类很多,主要有下列四种。

1)重测信度。采用同一种测验,在间隔时间内,对同一受试者进行两次测验,以确定信度。

2)复本信度。对受试者在同一时间或不同时间进行原本和复本测验,根据两种测验结果,确定信度。所谓原本,是指原来准备用的测验;复本是指与原本性质内容指导、型式、题数、难度、鉴别度相同,但试题不同的测验复本。

3)折半信度。将受试者对同一测验的结果,根据题目分成两半,并分别计分,再依据计分的结果确定信度。

4)评分者信度。对无法客观记分的测验,由两位评分者分别评分,然后根据此两种分数间的关系确定信度。一般而言,相关系数在0.8以上,认为已有应用价值。

(2)效度,指测量的真实性、准确性,表示测验结果能否真实地反映测量目的。一种测验若效度不高,其他条件都是无意义的,所以首先要鉴定效度。常将一种测验的效度与一种已被公认的测验或效标(衡量测验有效性的参照标准)相比较,求其相关系数(亦称效度系数),相关系数高,表示这种测验预料的正确性高,即效度高。效度按侧重面的不同,又可分为以下三种。

1)内容效度,指测验的内容或材料能够代表所测特征的程度。估算的办法是让行家按一定标准评价某一测量项目是否具有代表性,其计算公式为:

$$CVR = \frac{n_e - \frac{N}{2}}{\frac{N}{2}}$$

式中,CVR 表示内容效度系数,n_e 表示判断某一测量项目具有代表性的人数,N 表示参加判断的总人数。

2)效标关联效度,可分同时效度和预测效度。这两种效度都是将某一因素的测量与不同效标(如当前与将来的工作绩效)相比较,求其相关系数,以表明二者的关联或与预测符合的程度。

3)构思效度。从某一构想理论出发,提出与该构想有关的心理功能或行为假设,据此设计和编制测验项目,然后由结果求原因,以因子分析或聚类分析方法,求构思效度系数结果,并判断是否符合心理学理论。

3. 实验法

实验法是在控制条件下观察对象的变化,获取事实材料的方法。

(1)安全心理实验中的干扰变量。实验中不仅要控制自变量,同时要控制干扰变量。

需要控制的干扰变量主要有：外部干扰变量(主要是环境因素)、被测试者因素、测量方法和仪器装置的因素、实验主持人的因素等。实验中，对自变量和干扰变量的控制要遵守"最大最小控制原则"。

(2)实验中干扰变量控制的方法。一般常用的控制方法有：消除法(就是将干扰变量排除在实验之外)、限定法(将干扰因素控制在某种恒定状态)、纳入法(把某种或某些可能对实验结果产生影响的因素也当作自变量来处理，使之按预定要求发生变化并观察和分析这种变化与因变量变化的关系)、配对法(就是把条件相等或相近的被试对等地分配到控制组与实验中)、随机法(将参与实验的被试随机地安排在实验组与控制组内)。

严格控制变量是实验室实验的优点，但同时也带来人为化和降低效度的缺点，因此，将实验室研究结果用于实际时要谨慎。为克服这一缺点，在安全心理学研究中常以现场实验来补充。

4. 模拟仿真

模拟是以物质形式或观念形式对实际物体、过程和情境的仿真模拟，通常分为物理模拟和数学模拟。物理模拟要通过与实体相似的物理模型来进行，物理模拟实验逼真度高、实感性强，具有类似现场实验的基本特点，而且可以消除现场实验所不可避免的干扰因素的影响，它兼有实验室实验和现场实验的优点，因此是安全心理学研究的重要方法。在信息技术和计算机技术高度发展的今天，非常复杂的心理模拟仿真已成为可能，并在安全心理学的研究中应用得越来越广泛。

虚拟现实技术为心理学实验提供了一种变革性的具有良好生态效度和内部效度的虚拟现实的实验方法，使得心理学实验可以在自然的条件下进行，从而更有效地开展有关人类视知觉、运动和认知等方面的研究。

四、行为科学与安全心理学

行为科学是研究人的行为的一门综合性科学。它研究人行为产生的原因和影响行为的因素，目的在于激发人的积极性和创造性，从而达到组织目标。它的研究对象是人的行为表现和发展的规律，以提高对人的行为的预测、激发、引导和控制能力。

"行为科学"正式定名于1949年美国芝加哥大学召开的有关组织中人类行为的理论研讨会上。随后，行为科学才真正发展起来：福特基金会于1951年成立了行为科学部门(人类行为研究基金会)，并在1952年建立了行为科学高级研究中心；1956年，在美国出版了第一期《行为科学》杂志。至此，行为科学在美国的管理学界风行起来，在理论方面和实践方面都有了长足的发展。

关于人的需要和人的行为规律的研究主要有以下几个方面。

(一)马斯洛的需要层次理论

亚伯拉罕·马斯洛(Abraham Maslow)在1943年发表的《人类激励的一种理论》一文中

提出了需要层次理论。他把人类的各种各样的需要分成五种类型，并按其优先次序，排成阶梯式的需要层次，从高到低依次为：自我实现的需要、尊重需要、归属需要、安全的需要和生理的需要。

(二) 赫茨伯格的双因素激励理论

赫茨伯格(Herzberg)在1959年与别人合著出版的《工作激励因素》和1966年出版的《工作和人性》两本著作中，提出了激励因素和保健因素，简称"双因素理论"。赫茨伯格在美国匹兹堡地区对200名工程师和会计人员进行访问谈话，了解他们在什么条件下感到工作满意、什么条件下感到不满意。调查发现，使职工感到满意的都是属于工作本身或工作内容方面的，称之为激励因素；使职工感到不满意的都是属于工作环境或工作关系方面的，称之为保健因素或维持因素。保健因素不能起激励职工的作用，但能预防职工的不满。

(三) 弗鲁姆的期望理论

弗鲁姆(Vroom)在1964年发表的《工作和激励》一书中提出了期望概率模式，经过其他人的发展补充，期望概率模式成为当前行为科学家比较广泛接受的激励模式。

(四) 斯金纳的强化理论

斯金纳(Skinner)认为，人的行为都会有肯定或否定的后果(报酬或惩罚)。肯定的行为就有得到重复发生的可能性，否定的行为以后就会不再发生。强化理论有助于人们对行为的理解和引导，因为一种行为必然会有后果，而这些后果在一定程度上会决定这种行为是否重复发生。

(五) 斯坎伦和林肯的计划

斯坎伦(Scanlon)提出的斯坎伦计划强调协作和团结，采用集体鼓励的办法。他提出的计划规定，凡因工人就减少劳动成本提出建议而使劳动成本减少的，工人可以得到奖金。但这奖金不是发给提议者个人，而是在工厂或公司范围内由工人集体共享。

林肯(Lincoln)提出的林肯计划强调满足职工要求别人承认其技能的需要。林肯认为，激励人们工作的动力，主要不是金钱或安全感，而是对其技能予以承认。所以他提出一个计划，要求职工最充分地发挥他们的技能，然后以奖金形式来酬谢职工对公司的贡献。

(六) 麦格雷戈的X理论-Y理论

麦格雷戈(McGregor)的X理论-Y理论是人性理论研究中最突出的成果。他在《企业的人性方面》一书中提出了有名的"X理论-Y理论"的人性假定。在麦格雷戈看来，每一位管理人员对职工的管理都基于一种对人性看法的哲学，或者说有一套假定。

目前，行为科学的研究对象主要有以下几个方面。

(1) 研究人类行为产生的原因，目的在于激发动机，推动行为。

(2) 研究人类行为的控制与改造，目的在于保持正确的有效行为。

(3)研究人类行为的特点,如个人行为、领导行为、群体行为、组织行为、决策行为、消费行为,目的在于促进组织的发展。

(4)研究人与人的协调,目的在于创造一种良好的激励环境,使人们能够持久地处于激发状态,保持高昂的情绪、舒畅的心情,充分发挥潜能。

因为工业心理学是一门研究人类工作行为的科学,所以通常安全心理学亦被视为行为科学的一个分支。但是,安全心理学有其独立的科学体系,它偏重于研究在工业生产中人的安全行为。

五、人类工效学与安全心理学

人类工效学(Ergonomics)又称人机工程学,它是近50年发展起来的一门新兴的边缘学科。它综合心理学、生理学、人体测量学、工程技术科学、劳动保护科学等学科的有关理论,研究人和机器、环境之间的关系,目的在于最大限度地提高工作效率和保证人在劳动过程中的安全、健康和舒适。

人类工效学的研究对象主要有以下三个方面。

(一)人的方面

在人的方面,人类工效学研究人体测量学(提供人体各部分尺寸的大小、活动范围等方面的数据),人体生物力学(包括肌力、耐力、运动的方式、速度和准确性等),劳动时人体生理功能的改变和适应,人的心理状态,工作能力及其限度,疲劳,劳动强度,工作姿势,劳动组织方式及工作时间(如轮班制、工作分析、动作时间研究),人的功能特性及人在人机系统的可靠性等。

(二)机器设备方面

在机器设备方面,人类工效学研究机器设备和工具(包括汽车、飞机、火车、轮船、宇宙飞船、家用电器、家具、工具、文具、图书、衣服鞋帽、安全装置、城市设施、住宅设施等)的设计如何适合人的生理、心理特点及要求,以达到便于操作、减轻体力负荷、保持良好姿势、保证安全和舒适的目的;研究各种显示器、控制器如何适应人的感官和操作。

(三)环境方面

在环境方面,人类工效学研究工作场所的合理设计,保证工作环境良好的气象条件、适宜的色彩,保证工作场所合理的照明条件,清除和控制环境中的有害因素(如噪声、振动等)。

由以上所述的工效学研究对象可知,工效学所研究的内容大抵相当于工业心理学的工程心理和环境心理部分,工效学着力于实际应用,工业心理学主要研究工作中人的行为规律及其心理学基础,安全心理学主要研究事故发生过程中人的心理活动特点和规律。一般认为,工效学不包括工业心理学的工业人事心理、组织心理及消费心理;而安全心理学则涉及工效学的人机系统中人的子系统及人机界面的安全问题。

六、安全心理学在安全工作中的作用

安全心理学是一门以探讨人在安全生产过程中的行为和心理活动规律为目标的科学。正确应用安全心理学，发挥其在安全生产中的作用，可有效地推动社会的安全与进步。

(一)安全心理学的意义

安全心理学的意义可分为对个人和对社会两个方面。

1. 对个人的意义

对个人来讲，它通过描述和解释各种与安全有关的心理现象和心理活动历程，加深人们对自身在安全生产中的了解。目前，人们对许多与安全相关的心理现象和行为的了解还停留在"知其然，但不知其所以然"的阶段，通过学习安全心理学，人们可以了解自己的某些不安全行为为什么会出现，潜藏在这些行为背后的心理活动和活动规律是怎样的，还可以发现自己在生产劳动过程中受到了哪些因素的影响，自己如何形成现在的性格和气质特点等一系列与自身有关的安全问题。此外，安全心理学不仅提供了"是什么""为什么"的答案，更重要的是还告诉人们"怎么样解决问题"。当我们发现自己存在的一些不良的心理品质和习惯时，比如工作时精力容易分散、经常莫名其妙地急躁等，就可以寻求安全心理学的帮助。

2. 对社会的意义

对社会来说，安全心理学在社会的生产、生活等方面都发挥着重要的作用。例如，安全心理学告诉人们该如何合理地设置生产环境，以最有效的方式安排作业流程，让人们在理想的工作氛围中发挥自己最大的潜力并保证安全。

(二)安全心理学在安全生产中的应用

安全心理学的原理、规律和方法可以运用在预防工伤事故、进行安全教育以及分析处理事故等方面。

(1)安全思想淡漠、自我保护意识不强，常常是造成工伤事故的重要原因。因此，研究和分析生产过程中人们对自身安全问题的心理现象，运用动机和激励的理论激发职工安全意识，使安全生产成为职工自发的要求，这是做好安全工作的重要保证。

(2)通过安全心理学对主观和客观心理现象的分析，可以帮助管理人员（包括企业领导、工会干部、劳保安全技术人员）认清安全生产中的有利因素和不安全因素，对各种不安全因素进行整改，从而调动广大职工安全生产的积极性。

(3)运用安全心理学的理论，做好职工的安全技术培训和安全思想教育工作，特别是运用心理学的理论对从事电气、起重、运输、锅炉、压力容器、爆破、焊接、煤矿井下瓦斯检验、机动车辆驾驶、机动船舶驾驶等危险性大的特种作业人员进行专业的安全技术教育。

（4）对影响整个系统运行或对安全生产起关键作用的岗位，可通过合适的职业选择，选拔合适的人选。

（5）对职工的不安全行为及其心理状态进行研究分析，以便采取对策和措施。

（6）对事故进行统计分析，根据大量原始资料，通过统计处理，找出事故产生原因及其变化规律。有时为了找出事故的隐患，防止以后不再发生同类原因的事故，以及采取最适宜的预防措施，常常需要对事故个案进行心理学分析。

（7）对事故主要责任者、肇事者在发生事故前的心理状态、情绪以及个人的个性心理特征、行为、习惯等进行深入分析，以阐明事故发生的原因，进行安全教育和采取必要措施，杜绝以后再发生同样的事故。

（8）从知觉、情感、意志、行为四个方面，对一些经常有不安全行为的工人给予积极的心理疏导，并将其列为重点的安全教育对象；对他们的性格、气质、能力进行全面分析，根据他们的特点逐步引导他们改变对安全不利的心理素质，建立良好的安全心理素质。

（9）运用安全心理学的知识，对生产设备、机具、安全保护装置、工作场所以及工作环境经常进行工程心理学（人机工程学、人类工效学）的研究，使设备、机具符合人的生理、心理特点，工作场所适合人的操作，工作环境不影响人的安全和健康，从而达到操作方便、减轻劳动强度、节约劳动时间、提高工作效率、充分利用设备能力、降低能耗、减少工伤事故的目的。

（10）运用心理学原理和有关知识，进行经常性的、行之有效的安全教育。

第二节　安全生理与心理

一、人-机-环系统模型

生产过程实质是一个复杂的人-机-环系统，在这个系统中，人的生理与心理因素对过程的安全有着重要作用。人-机-环系统的模型是安全心理学的重要基础，如果把人作为系统中的一个"环节"研究，人体与安全相关的、和外界直接发生联系的主要有三个系统：感觉系统、中枢神经系统和运动系统。而人体的其他系统是人体为完成各种功能活动的辅助系统。人-机-环系统模型如图1-4所示。

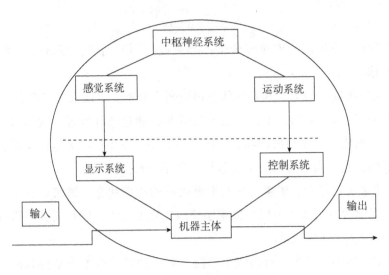

图 1-4 人-机-环系统模型

人在操作过程中,机器通过显示器将信息传递给人的感觉器官(如眼睛、耳朵等),经中枢神经系统对信息进行处理后,再指挥运动系统(如手、脚等)操纵机器的控制器,改变机器所处的状态。由此可见,从机器传来的信息通过人这个"环节"又返回到机器,从而形成一个闭环系统。人机所处的外部环境因素(如温度、照明、噪声、振动等)也将不断影响和干扰此系统的效率。显然,要使上述的闭环系统有效地运行,就要求人体结构中许多部位协同发挥作用。首先是感觉器官,它是操作者感受人-机-环系统信息的特殊区域,也是系统中最早可能产生误差的部位;其次,传入神经将信息由感觉器官传到大脑的理解和决策中心,决策指令由大脑传出神经传到肌肉;最后一步是身体的运动器官执行各种操作动作,即所谓的作用过程。对于人-机-环系统中人的这个"环节",除了感知能力、决策能力对系统操作效率有很大影响之外,最终的作用过程可能是对操作者效率的最大限制。

二、安全生理

(一)人体的感官系统

人体的感官系统又称感觉系统,是人体接受外界刺激,经传入神经和神经中枢产生感觉的机构。人的感觉按人的器官分类共分为7种:通过眼、耳、鼻、舌、肤五个器官产生的感觉称为"五感",此外还有运动感、平衡感。在人-机-环系统安全中用得较多的几种感官系统的结构与功能特点如下。

1. 人的视觉特征

人-机-环系统中,安全信息的传递、加工与控制是系统能够存在与安全运行的基础之一。人在感知过程中,大约有80%以上的信息是通过视觉获得的。视觉是最重要的感觉通道。

(1)视觉刺激。视觉的适宜刺激是光,光是辐射的电磁波。人类所能接受的光波只占整个电磁波的一小部分，波长在380～780 nm 的范围内，约占整个光波的1/9，并可区别光的亮度和一定范围的颜色，在此波长范围之外的电磁波射线，人眼则无法看见。

(2) 视觉系统。视觉系统包括眼、视觉传入神经和大脑皮层视区三部分。

眼，又称眼球，是视觉的外周感受器。它是一个直径约为23 mm 的球状体。眼睛的结构和照相机相似。眼睛的瞳孔、晶状体和视网膜分别相当于照相机的透镜孔、透镜和胶卷。视觉传入神经又称视神经。视神经是视网膜的神经纤维，属感觉神经。它于眶内行向后内，在眶尖穿过视神经孔入颅中窝，经视交叉、视束入脑。在视神经的中轴，有中央动脉和中央静脉。在中央隔中，有毛细血管。视神经的功能主要是传导视觉冲动。大脑皮层视区位于枕叶(17区)。左侧枕叶皮层接受左眼颞侧视网膜和右眼鼻侧视网膜的传入神经投射。右侧枕叶皮层接受右眼颞侧视网膜和左眼鼻侧视网膜的传入纤维投射。

形成视觉的主要功能结构是眼球正中线上的折光部位和位于眼球后部的感光部位。折光部位由角膜和白色不透明的虹膜组成。角膜是透明的光滑结膜，约占眼球全面积的1/6，凭借其弯曲的形状实现眼球的折光功能。虹膜主要起巩固和保护眼球的作用。虹膜位于角膜和晶状体之间，中间有一圆孔，即瞳孔，瞳孔的直径大小可根据光的强弱而自行调节，其变化范围为2～8 mm。在瞳孔后面是一扁球形弹性透明体，叫晶状体，它起着透镜作用。视网膜是眼睛的感光部位，视网膜内的感光细胞将接受到的光刺激转化为神经冲动，从而把光能转换为神经电信号。这种电信号经三级神经元传至大脑。

(3) 视觉功能的主要特征。

1) 人眼的视觉。视觉是被看对象物的两点光线投入眼球时的相交角度，用来表示被看物体与眼睛的距离关系。视角的大小既决定于物体的大小，也决定于物体与眼睛的距离。视角的大小与人眼到物体的距离成反比。

2) 人的视敏度。视敏度又称视力，是辨认外界物体的敏锐程度，也是指在标准的视觉情景中感知最小的对象与分辨细微差别的能力。

影响视敏度的主要因素是亮度、对比度、背景反射与物体的运动等。亮度增加，视敏度可提高，但过强的亮度反而会使视敏度下降。在亮度好的情况下，随着对比度的增加，视敏度也会更好。视敏度在昼夜变化很大，清晨视敏度较差，夜晚更差，只有白天的3%～5%。

3) 人眼的适应性。当外界光亮程度变化时，人眼会产生适应性的变化。当人从黑暗的地方进入光亮的地方，或者从光亮的地方进入黑暗的地方的时候，眼睛不是一下子就能看清物体的，而是要经过一段时间才能看清，分别被称为"明适应"和"暗适应"。

暗适应时，眼睛的瞳孔放大，进入眼睛的光通量增加；明适应时，由于是从暗处进入光亮处，所以瞳孔缩小，光通量减小。暗适应时间较长，一般要经过4～5分钟才能基本适应，在暗处停留30分钟左右，眼睛才能达到完全适应；明适应时间较短，一般经过1分钟左右就可达到完全适应。

4) 颜色视觉。光有能量大小与波长长短的不同。光的能量表现为人对光的亮度感觉；

而波长的长短则表现为人对光的颜色感觉。人眼有很强的色辨能力,可以分辨出180多种颜色。波长大于780 nm的光波是红外线和无线电波等,波长小于380 nm的光波是紫外线、X射线、α射线等,它们都不能引起人眼的视觉形象。只有波长在380~780 nm的光波才称为可见光。可见光谱中不同波长引起的不同颜色的感觉如表1-3所示。

表1-3 可见光谱中各种颜色的波长与波长范围

颜色	标准波长/nm	波长范围/nm
紫色	420	380~450
蓝色	470	450~480
绿色	510	480~575
黄色	580	575~595
橙色	610	595~620
红色	700	620~780

5)人的视野范围。视野是指人的眼球不转动的情况下,观看正前方所能看见的空间范围,或称静视野。眼球自由转动时能看到的空间范围称为动视野。视野常以角度来表示。当人眼注视景物时,物体落在视网膜的黄斑中央,可以获得最清晰的图像,称为中央视觉;面对周围的景物产生模糊不清的图像,称为边缘视觉。在工业造型设计中,一般以静视野为依据进行设计,以减少人的疲劳。在水平面内的视野是:两眼视区大约在60°以内的区域;人最敏感的视力是在标准视线每侧10°的范围内;单眼视野界限为标准视线每侧94°~104°。在垂直面内的视野是:最大视区为标准视线以上50°和标准视线以下70°;颜色辨别界限在标准视线以上30°和标准视线以下40°。实际上,人的自然视线是低于标准视线的。在一般状态下,站立时自然视线低于标准视线10°;坐着时低于标准视线15°;在很松弛的状态中,站着和坐着的自然视线偏离标准视线分别为30°和38°。

人眼的视网膜可以辨别波长不同的光波,在波长为380~780 nm的可见光谱中,光波波长只要相差3 nm,人眼就可分辨。可见光谱中各种颜色的波长不同,对人眼刺激不同,人眼的色觉视野也不同。白色视野范围最宽,水平方向达180°,垂直方向达130°;其次是黄色和蓝色;最窄是红色和绿色,其水平方向两种颜色为60°,垂直方向红色为45°,绿色只有40°。色觉视野还受背景颜色的影响。视距是人眼观察操作系统中指示器的正常距离。一般操作的视距在380~760 mm,其中以560 mm为最佳距离。

6)视错觉。视错觉是指当注意力只集中于某一因素时,由于主观因素的影响,感知的结果与事实不符的特殊视知觉。引起视错觉的图形多种多样,依据它们引起错觉的倾向性可分为两类:一类是数量上的视错觉,包括在大小、长短方面引起的错觉;另一类是方向上的错觉。

视错觉有害也有益。在人-机-环系统中,视错觉有可能造成观察、监测、判断和操作的失误。但在工业产品造型中,利用视错觉可以获得满意的心理效应。例如,在房间内装饰和控制室的内部装饰设计中,对四周墙面常采用纵向线条划分所产生的视错觉来增加室内空间的透视感,使空间显得长些;相反,也可利用横向线条划分所产生的视错觉来改善室内空间的狭长感,使空间显得宽些。另外,在交通标识中利用圆形比同等面积的三角形或正方形显得要大 1/10 的视错觉,规定用圆形作为表示"禁止"或"强制"的标志。

7) 视觉特征。人体的视觉特征有以下几种。

(a) 眼睛沿水平方向运动比沿垂直方向运动快而且不易疲劳,一般先看到水平方向的物体,后看到垂直方向的物体,因此,很多仪表外形都设计成横向长方形。

(b) 视线的变化习惯从左到右、从上到下和沿顺时针方向运动,所以仪表的刻度方向设计应遵循这一规律。

(c) 人眼对水平方向尺寸和比例的估计比对垂直方向尺寸和比例的估计要准确得多,因而水平式仪表的误读率(28%)比垂直式仪表的误读率(35%)低。

(d) 当眼睛偏离视中心时,在偏离距离相等的情况下,人眼对左上限的观察最优,依次为右上限、左下限,而右下限最差。视区内的仪表布置必须考虑这一特点。

(e) 两眼的运动总是协调的、同步的,在正常情况下不可能一只眼睛转动而另一只眼睛不动;在一般操作中,不可能一只眼睛视物,而另一只眼睛不视物,因而通常都以双限视野为设计依据。

(f) 人眼对直线轮廓比对曲线轮廓更易于接受。

(g) 颜色对比与人眼辨色能力有一定关系。当人从远处辨认前方的多种不同颜色时,其易辨认的顺序依次是红、绿、黄、白,即红色最先被看到。所以,停车、危险等信号标志都采用红色。当两种颜色配在一起时,则易辨认的顺序依次是黄底黑字、黑底白字、蓝底白字、白底黑字等,因而公路两旁的交通标志常用黄底黑字(或黑色图形)。

2. 人的听觉特征

听觉系统是人获得外部信息的又一重要感官系统。在人-机-环系统中,听觉显示仅次于视觉显示。由于听觉是除触觉以外最敏感的感觉通道,当传递信息量很大时,不像视觉那样容易疲劳,因此一般用作警告显示,通常和视觉信号联用,以提高显示装置的功能。

(1) 听觉刺激。听觉的刺激物是声波。声波是声源在介质中向周围传播的振动波,波的传播速度随传播介质的特性而变化。一定频率范围的声波作用于人耳就产生了声音的感觉。人耳所能听到的声音频率范围一般为 20~2 000 Hz,低于 20 Hz 的次声和高于 2 000 Hz 的超声,人耳均听不到。

(2) 人耳听觉系统。人耳听觉系统主要包括耳、传导神经与大脑皮层听区三个部分。耳在结构上分为外耳、中耳和内耳。外耳的自然谐振频率为 2.4 kHz,人对 2.4 kHz 左右的声音最为敏感。鼓膜将外耳和中耳隔开,在声波作用下自由振动,在共振条件下鼓膜达到振动匹配。中耳里有三根相互连接并形成杠杆作用的听骨,保证鼓膜的正常振动,起到阻抗匹配作用,并将压力与振幅传给内耳的淋巴液。内耳底膜上的柯尔蒂器是听觉系统的核心部分，其上布满起听觉感受器作用的毛细胞。毛细胞受到振动时，会引起神经末梢兴奋，产生电信号，即将声能转换成神经冲动传至大脑皮层听觉区。

(3) 听觉的物理特性。

1) 频率响应。可听声主要取决于声音的频率，具有正常听力的青少年(年龄在 12～25 岁)能够觉察到的频率范围是 16～20 000 Hz。而一般人的最佳听觉频率范围是 20～20 000 Hz。人到 25 岁左右时，开始对 1 500 Hz 以上频率的灵敏度显著降低，当频率高于 1 500 Hz 时，听阈开始向下移动，而且随着年龄的增长，频率感受的上限逐年连续降低。但是对小于 1 000 Hz 的低频率范围，听觉灵敏度几乎不受年龄的影响。听觉的频率响应特性对听觉传示装置的设计是很重要的。

2) 动态范围。可听声除取决于声音的频率外，还取决于声音的强度。听觉的声强动态范围可用下式表示。

$$听觉的声强动态范围 = 正好可忍受的声强 / 正好能听见的声强$$

(a) 听阈。在最佳的听阈频率范围内，一个听力正常的人刚好能听到给定各频率的正弦式纯音的最低声强，称为相应频率下的听阈值。可根据各个频率与最低声强绘出标准听阈曲线。

(b) 痛阈。对于感受给定各频率的正弦式纯音，开始产生疼痛感的极限声强称为相应频率下的痛阈值。可根据各频率与极限声强绘出标准痛阈曲线。

(c) 听觉区域。由听阈与痛阈两条曲线所包围的部分称听觉区域。

3) 方向敏感度。人耳的听觉效果，绝大部分都涉及所谓的"双耳效应"，或称"立体声效应"，这是正常的双耳听觉所具有的特性。当听觉声压级为 50～70 dB 时，这种效应基本上取决于时差、头部的掩蔽效应等。人的听觉系统的这一特性对室内声学设计是极其重要的。

4) 掩蔽效应。一个声音被另一个声音所掩盖的现象，称为掩蔽。一个声音的听阈因另一个声音的掩蔽作用而提高的效应，称为掩蔽效应。应当注意，由于人的听阈复原需要经历一段时间，掩蔽声去掉以后，掩蔽效应并不立即消除，这个现象称为残余掩蔽或听觉残留，其量值可表示听觉疲劳。掩蔽声对人耳刺激的时间和强度直接影响人耳的疲劳持续时间和疲劳程度，刺激越长、越强，则疲劳越严重。

3. 人体的其他感觉特征

(1) 人的嗅觉和味觉。嗅觉和味觉都属于化学觉，各有自己的特殊受纳器，但常密切结合在一起协调工作。

嗅觉是由化学气体刺激嗅觉器官引起的感受。人的嗅觉灵敏度用嗅觉阈值表示。嗅觉阈值是引起嗅觉的气味的最小浓度，一般以每升空气中含有某物质的毫克数表示。

味觉是溶解物质刺激口腔内味蕾而发生的感觉。味蕾分布于口腔黏膜内，特别在舌尖部和舌侧面分布更广。

(2)人的肤觉。从人的感觉对人-机-环系统的重要性来看,肤觉是次于听觉的一种感觉。皮肤是人体上很重要的感觉器官,感受着外界环境中与它接触物体的刺激。人体皮肤上分布着三种感受器:触觉感受器、温度感受器和痛觉感受器。用不同性质的刺激检验人的皮肤感觉时发现,不同感觉的感受区在皮肤表面呈相互独立的点状分布。

1)触觉。触觉是微弱的机械刺激触及了皮肤浅层的触觉感受器而引起的;而压觉是较强的机械刺激引起皮肤深部组织变形而产生的感觉。两者性质上类似,通常称触压觉。

触觉感受器能引起的感觉是非常准确的,触觉的生理意义是能辨别物体的大小、形状、硬度、光滑程度以及表面机理等机械性质的触感。在人-机-环系统操纵装置的设计中就是利用人的触觉特性,设计出具有各种不同触感的操纵装置,以使操作者能够靠触觉准确地控制各种不同功能的操纵装置。

对皮肤施以适当的机械刺激,在皮肤表面下的组织将引起位移,在理想的情况下,小到 0.001 mm(1 μm)的位移就足够引起触的感觉。然而,皮肤的不同区域对触觉敏感性有相当大的差别,这种差别主要是由皮肤的厚度、神经分布状况引起的。

与感知触觉的能力一样,准确地给触觉刺激点定位的能力会因受刺激的身体部位不同而异,如刺激指尖能非常准确地定位,其平均误差仅 1 mm 左右。如果皮肤表面相邻两点同时受到刺激,人将只感受到一个刺激;如果接着将两个刺激略为分开,并使人感受到有两个分开的刺激点,这种能被感知到的两个刺激点间最小的距离称为两点阈限。两点阈限因皮肤区域不同而异,其中以手指的两点阈限值最低。这是利用手指触觉操作的一种"天赋"。

2)温度感觉。温度感觉分为冷觉和热觉两种,这两种温度感觉是由两种不同范围的温度感受器引起的。冷感受器在皮肤温度低于 30 ℃ 时开始发放冲动;热感受器在皮肤温度高于 30 ℃ 时开始发放冲动,到 47 ℃ 时为最高。人体的温度感觉对保持人机体内部温度的稳定与维持正常的生理过程是非常重要的。温度感受器分布在皮肤的不同部位,形成所谓的冷点和热点。每 1 cm² 皮肤内,冷点有 6~23 个,热点有 3 个。温度感觉的强度,取决于温度刺激强度和被刺激部位的大小。在冷刺激或热刺激的不断作用下,温度感觉就会产生适应。

3)痛觉。凡是剧烈性的刺激,不论是冷、热接触,还是压力等,肤觉感受器都能接受这些不同的物理和化学的刺激而引起痛觉。组织学的检查证明,各个组织的器官内都有一些特殊的游离神经末梢,在一定刺激强度下会产生兴奋而出现痛觉。这种神经末梢在皮肤中分布的部位,就是所谓的痛点。每 1 cm² 的皮肤表面约有 100 个痛点,在整个皮肤表面上,其数目可达一百万个。痛觉具有很大的生物学意义,痛觉的产生,将导致机体产生一系列保护性反应来回避刺激物,动员人的机体进行防卫或改变本身的活动来适应新的情况。

(3)人的本体感觉。人在进行各种操作活动的同时能给出身体及四肢所在位置的信息,这种感觉称为本体感觉。本体感觉系统主要包括两个方面:一方面是耳前庭系统,其作用主要是保持身体的姿势及平衡;另一方面是运动觉系统,通过该系统感受并指出四肢和身体不同部分的相对位置。

在身体组织中,可找出三种类型的运动觉感受器。第一类是肌肉内的纺锤体,它能给出肌肉拉伸程度及拉伸速度方面的信息;第二类是位于腰中各个不同位置的感受器,它能给出关节运动程度的信息,由此可以指示运动速度和方向;第三类是位于深部组织中的层板小体,埋藏在组织内部的这些小体对形变很敏感,从而能给出深部组织中压力的信息。在骨骼、肌腱和关节囊中的本体感受器分别感受肌肉被牵伸的程度、肌肉收缩的程度和关节伸屈的程度,综合起来就可以使人感觉到身体各部位所处的位置和运动,而无须用眼睛去观察。

运动觉系统在研究操作者行为时经常被忽视,原因可能是这种感觉器官用肉眼看不到,而作为视觉器官的眼睛、作为听觉器官的耳朵,则是明显可见的。然而,在操纵一个头部上方的控制件时,都不需要眼睛看着脚和手的位置,系统会自觉地对四肢不断发出指令。

在训练技巧性的工作中,运动觉系统有非常重要的地位。许多复杂技巧动作的熟练程度,都有赖于有效的反馈作用。例如在打字中,因为有来自手指、臂、肩等部位肌肉及关节中的运动觉感受器的反馈,操作者的手指就会自然动作,而不需要操作者本身有意识地指示手指往哪里去按。已完全熟练的操作者,能发现他的一个手指放错了位置,而且能够迅速纠正。例如,汽车司机已知右脚控制加速器和刹车,左脚换挡。如果有意识地让左脚去刹车,司机的下肢及脚踝都会有不舒服之感。由此可见,本体感觉在技巧性工作中非常重要。

(二)人体的神经系统

神经系统是人体最主要的机能调节系统,人体各器官、系统的活动,都是直接或间接地在神经系统的控制下进行的。人-机-环系统中,人的操作活动也是通过神经系统的调节作用,使人体对外界环境的变化产生相应的反应,从而与周围环境之间达到协调统一,保证人的操作活动正常进行。

神经系统可以分为中枢神经系统和周围神经系统两部分。中枢神经系统由脑与脊髓组成;由脑和脊髓发出的神经纤维则构成周围神经系统。人-机-环系统中的信息在人的神经系统中的循环过程是:感受器官从外界收集信息,经过传入通道输送到中枢神经系统的适当部位,信息在这里经过处理、评价并与储存信息比较,必要时形成指令,并经过传出神经纤维送到效应器而作用于运动器官。运动器官的动作由反馈来监控:内反馈确定运动器官动作的强度;外反馈确定用以实现指令的最后效果。

大脑是一个复杂的机能系统,是高级神经活动的中枢,大脑皮层能综合身体各部位收集来的信息,通过识别、记忆、判断并发出指令。大脑是人体整个神经系统的中枢,大脑皮层则是最高级的调节机构。大脑皮层各个部分在功能上有不同的分工,形成一个整体。

它既能对各个感受器官(眼、耳、鼻、舌、肤等)所接受的信息加以分析、综合,形成映像的认识中枢,又能控制调节人的机体,是对外界刺激作出适宜反应的最高机构,是人的心理活动最重要的物质基础。它有三个基本的机能联合区。

第一区是保证调节紧张度或觉醒状态的联合区。它的机能是保持大脑皮层的清醒,使选择性活动能持久地进行。如果这一区域的器官(脑干网状结构、脑内测皮层或边缘皮层)受到损伤,人的整个大脑皮层的觉醒程度就会下降,人的选择性活动就不能进行或难以进行,记忆也变得毫无组织。

第二区是接受、加工和储存信息的联合区。如果这一区域的器官(如视觉区的枕叶、听觉区的颞叶和一般感觉区的顶叶)受到损伤,就会严重破坏接受和加工信息的条件。

第三区是规划、调节和控制人复杂活动形式的联合区。它是负责编制人在进行中的活动程序,并加以调整和控制。如果这一区域的器官(脑的额叶)受到损伤,人的行为就会失去主动性,难以形成意向,不能规划自己的行为,对行为进行严格的调节和控制也会遇到障碍。

可见,人脑是一个多输入、多输出、综合性很强的复杂大系统。长期的进化发展,使人脑具有庞大无比的机能结构,以及极高的可靠性、多余度和容错能力。人脑所具有的功能特点,使人在人-机-环系统中成为最重要的、主导的环节。

(三)人体的运动系统与供能系统

1. 人的运动系统

人的运动系统是完成各种动作和从事生产劳动的器官系统,由骨、关节和肌肉三部分组成。全身的骨通过关节连接构成骨骼。肌肉附着于骨,且跨过关节。肌肉的收缩与舒张牵动骨,通过关节的活动而产生各种运动。所以,在运动过程中,骨是运动的杠杆,关节是运动的支点,肌肉是运动的动力。三者在神经系统的支配和调节下协调一致,随人的意志,共同准确地完成各种动作。

(1)骨。骨是体内坚硬而有生命的器官,主要由骨组织组成。人体骨的总数约206块,按其结构形态和功能可分为颅骨、躯干骨和四肢骨三大部分。骨的复杂形态是由骨所担负功能的适应能力决定的,骨的主要功能有以下几项。

1)骨与骨通过关节连接成骨骼,构成人体支架,支持人体的软组织和支撑全身的重量,它与肌肉共同维持人体的外形。

2)附着于骨的肌肉收缩时,牵动着骨绕关节运动,使人体形成各种活动姿势和操作动作,因此,骨是人体运动的杠杆。

3)骨构成体腔的壁,如颅腔、胸腔、腹腔与盆腔等,以保护脑、肺、肠等人体重要内脏器官,并协助内脏器官进行活动,如呼吸、排泄等。

4)在骨的髓腔和松质的腔隙中充填着骨髓,其中,红骨髓具有造血功能,黄骨髓有贮藏脂肪的作用。骨盐中的钙和磷参与体内钙、磷代谢而处于不断变化的状态。所以,骨还是体内钙和磷的储备仓库。

（2）关节。全身的骨与骨之间通过一定的结构相连接，称为骨连接。骨连接分为直接连接和间接连接。直接连接是指骨与骨之间通过结缔组织、软骨或骨互相连接，其间不具腔隙，活动范围很小或完全不能活动，称不动关节。间接连接的特点是两骨之间借膜性囊互相连接，其间具有腔隙，有较大的活动性，这种骨连接称为关节，多见于四肢。

关节的作用主要在于它可使人的肢体有可能做曲伸、环绕和旋转等运动。如果肢体不能做出这几种运动，那么，即使最简单的运动，如走步、握物等也是不可能实现的。

（3）肌肉组织。肌肉是人体中数量最多的组织。肌肉依其形状构造、分布和功能特点，可分为平滑肌、心肌和横纹肌三种。其中，横纹肌大都跨越关节，附着于骨，故又称骨骼肌。又因骨骼肌的运动均受意志支配，故又叫随意肌。参与人体运动的肌肉都是横纹肌。人体横纹肌相当发达，约有400余块，每块均跨越一个或数个关节，两端附着在两块或两块以上的骨上。

肌肉运动的基本特征是收缩和放松。收缩时长度缩短，横断面增大，放松时则相反，两者都是由神经系统支配而产生的。此外，由于中枢神经系统持续兴奋，因此肌肉保持着持续性的轻微收缩状态，这种状态叫肌肉紧张。肌肉紧张可使身体维持一定的姿势。肌肉收缩引起的运动形式是由肌肉在骨上的位置所决定的。关节周围的肌肉可单独收缩，也可联合收缩。各种各样的活动就是肌肉以各种方式联合收缩的结果。可见，没有肌肉的收缩，人体就不可能产生任何主动运动，也就没有力。因此，人们常把骨骼肌看成运动器官的一部分。

2. 人的供能系统

人的能量供给通过体内能源物质的氧化或酵解来实现。人体每天以食物的形式吸收糖、脂肪和蛋白质等物质，同时，通过呼吸将外界的氧气经氧运输系统输入体内，在体内将能源物质氧化产生能量，供人体活动使用。在氧气供应不足时，上述能源物质还可以通过无氧酵解产生能量。通常，将上述过程，即能源物质转化为热或机械能的过程称为能量代谢。能量代谢的强弱与人体活动水平密切相关。能量代谢是人体活动最基本的特征之一。

（1）能量的产生。体力劳动时，供给骨骼的能量来自肌细胞中的贮能元，这是一种称为三磷酸腺苷（ATP）的物质。肌肉活动时，肌细胞中的三磷酸腺苷与水结合，生成二磷酸腺苷（ADP）和磷酸根（Pi），同时释放出29.3kJ的能量，即：

$$ATP+H_2O \longleftrightarrow ADP+Pi+29.3kJ/mol$$

由于肌细胞中的ATP贮量有限，因此，必须及时补充ATP。补充ATP的过程称为产能。产能一般通过ATP-CP（CP为磷酸肌酸）系列、需氧系列、乳酸系列三种途径来实现。ATP-CP系列、需氧系列、乳酸系列产能过程的一般特性见表1-4。

表 1-4 ATP-CP 系列、需氧系列、乳酸系列产能过程的一般特征

项目	ATP-CP 系列	需氧系列	乳酸系列
氧	无氧	需氧	无氧
速度	非常迅速	较慢	迅速
能源	CP，储量有限	糖原、脂肪及蛋白质，不产生致疲劳性副产品	糖原、产生的乳酸有致疲劳性
产生 ATP	很少	几乎不受限制	有限
劳动类型	任何劳动，包括短暂的极重劳动	长期及中等劳动	短期重及很重的劳动

(2)能量代谢。人不仅在作业过程中需要消耗能量，为了维持自身的生命需要也要消耗能量。因此，把人体内能量的产生、转移和消耗称为能量代谢。能量代谢按机体及其所处的状态分为三种：维持生命所必需的基础代谢量、安静时维持某一自然姿势的安静代谢量和作业时所增加的代谢量。三种代谢量的关系如图 1-5 所示。其中以每小时每平方米体表面积的代谢量表示代谢率。

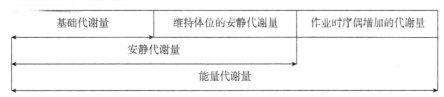

图 1-5 三种代谢量的关系

3. 劳动强度分级

(1)劳动强度。劳动强度是指作业过程中体力消耗和紧张的程度，它是用来计算单位时间内能量消耗的一个指标。单位时间内能量消耗多，劳动强度就大。劳动强度与作业性质有关，作业可分为静力作业和动力作业。

静力作业包括脑力劳动、计算机操作、仪器仪表监测与监控、把握工具和支持重物等作业。这种作业主要是依靠肌肉的等长收缩来维持一定的体位。静力作业的特征是能耗水平不高，即使最紧张的脑力劳动的能量消耗也不超过基础代谢量的 10%，却容易疲劳。

动力作业是靠肌肉的等张收缩来完成作业动作，即常说的体力劳动，能量消耗较大，有时可达基础代谢率的 10~25 倍。

(2)劳动强度的分级。劳动强度分级是制定劳动保护科学管理的一项基础标准，是确定体力劳动强度大小的根据。应用这一标准，可以明确体力劳动强度的重点工种或工序，以便有重点、有计划地减轻体力劳动强度，提高劳动生产率。

劳动强度不同，单位时间内人体所消耗的能量也不同。从劳动生理学方面讲以能量代谢为标准进行分级是比较合适的。这种分级可以把千差万别的作业，从能量代谢角度进行

统一的定义。

目前，国内外对劳动强度分级的能量消耗指标主要有两种。一种是相对指标，即相对代谢率，其计算公式如下。

$$RMR = (作业时氧消耗量 - 安静时氧消耗量) / 基础代谢氧消耗量$$

这种指标在国外应用比较普遍，目前在我国已开始使用。

另一种是绝对指标，如8小时的能量消耗量、劳动强度指数等。

劳动强度分级的指标主要有以下几种。

1）相对代谢率指标。依作业时的相对代谢率（RMR）指标评价劳动强度标准的典型代表是日本能率协会的划分标准，它将劳动强度划分为5个等级，见表1-5。

表1-5 日本能率协会的劳动强度分级

劳动强度分级	RMR	作业的特点	工种举例
极轻劳动	0~1.0	手指作业；精神作业；坐位姿势多变，立位时身体重心不移动；疲劳属于精神或姿势方面的疲劳	电话交换员；电报员；仪表修理工；制图员
轻劳动	1.0~2.0	手指作业为主以及上肢作业；以一定的速度可以长时间连续工作；局部产生疲劳	司机；在桌上修理器具人员；打字员
中劳动	2.0~4.0	几乎立位，身体水平移动为主，速度相当于普通步行；上肢作业用力；可持续几小时	油漆工；车工；木工；电焊工
重劳动	4.0~7.0	全身作业为主，全身用力；全身疲劳，10~20分钟之后就想休息	炼钢工、炼铁工；土建工
极重劳动	7.0以上	短时间内全身用强力快速作业；呼吸困难，2~5分钟就想休息	伐木工；大锤工

作业的RMR越高，规定的作业率应越低。一般来说，RMR不超过2.7为适宜的作业；RMR小于4的作业可以持续工作，但考虑精神疲劳也应安排适当休息；RMR大于4的作业不能连续进行；RMR大于7的作业应实行机械化。

为了使劳动持久，减少体力疲劳，人们从事的大部分作业都应低于氧上限。极轻劳动氧需约为氧上限的25%；轻劳动为氧上限的25%~50%；中劳动为50%~75%；重劳动大于75%；极重劳动接近氧上限；RMR大于10的劳动，氧需超过了氧上限，最多只能维持20分钟。完全在无氧状态下劳动，一般不超过2分钟。

2）能耗指标。不同劳动强度的能耗量与相对代谢率指标见表1-6。

表 1-6　不同劳动强度的能耗量与相对代谢率指标

性别	等级	主作业的 RMR	8小时劳动能耗/KJ	一天能耗量/KJ
男	A	0~1	2 303~3 852	7 746~9 211
	B	1~2	3 852~5 234	9 211~10 676
	C	2~4	5 234~7 327	10 676~12 770
	D	4~7	7 327~9 085	12 770~14 654
	E	7~(11)	9 085~10 844	14 654~(16 329)
女	A	0~1	1 926~3 014	6 908~8 039
	B	1~2	3 014~4 270	8 039~9 295
	C	2~4	4 270~5 945	9 295~10 970
	D	4~7	5 945~7 453	10 970~12 477
	E	7~(11)	7 453~8 918	12 477~(13 942)

3）氧耗、心率等指标。研究表明，以能量消耗为指标划分劳动强度时，耗氧量、心率、直肠温度、排汗率、乳酸浓度和相对代谢率等具有相同意义。典型代表是国际劳工组织1983年的划分标准，它将工农业生产的劳动强度划分为6个等级，见表1-7。

表 1-7　国际劳工组织用于评价劳动强度的指标和分级标准

劳动强度等级	很轻	轻	中等	重	很重	极重
耗氧量/(L·min^{-1})	<0.5	0.5~1.0	1.0~1.5	1.5~2.0	2.0~2.5	≥2.5
能量消耗/(KJ·min^{-1})	<10.5	10.5~20.9	20.9~31.4	31.4~41.9	41.9~52.3	≥52.3
心率/(beats·min^{-1})	—	75.0~100.0	100.0~125.0	125.0~150.0	150.0~175.0	≥175.0
直肠温度/℃	—	35.7~38.0	38.0~38.5	38.5~39.0	≥39.0
排汗率/(mL·h^{-1})	—	—	200.0~400.0	400.0~600.0	600.0~800.0	≥800.0

对每个作业的劳动强度进行评价时，应该从体力和精神两方面考虑，但是至今仍没有一种最有说服力的方法来反映脑力和精神方面的劳动强度。因此，能量消耗指标主要用来划分体力劳动强度的大小。今后有待于研究更为简便、实用的劳动强度分级方法，以及脑力、精神劳动的分级指标。

三、安全心理

人的心理是同物质相联系的，它起源于物质，是物质活动的结果。心理是人脑的机能，是客观现实的反映，是人脑的产物。人的各种心理现象都是对客观外界的"复写""摄影""映射"。但人的心理反映有主观的个性特征，所以同一客观事物，不同人的反映是可能大不相同的。例如，从事同一项工作的人，由于心理因素(精神状态)不同，工作效率有明显差异。人的精神状态好的时候，工作效率高；精神状态不好的时候，效率低，并且会出现差错和事故。人的心理因素可分为以下五个方面。

（一）性格

性格是指一个人在生活过程中所形成的对现实比较稳定的态度和与之相适应的习惯行为方式，如认真、马虎、负责、敷衍、细心、粗心、热情、冷漠、诚实、虚伪、勇敢、胆怯等就是人性格的具体表现。性格是一个人个性中最重要、最显著的心理特征，是一个人区别于他人的主要标志。人的性格构成十分复杂，概括起来主要有两个方面：一是对现实的态度，二是活动方式及行为的自我调节。对现实的态度又分为对社会、集体和他人的态度，对自己的态度，对劳动、工作和学习的态度，对利益的态度，对新事物的态度等。行为的自我调节属于性格的意志特征。

性格可分为先天性格和后天性格。先天性格由遗传基因决定，后天性格是在成长过程中通过个体与环境的相互作用形成的。我们必须重视性格的可塑性，以前人们认为性格是与生俱来的，是不可变的，现在则普遍认为性格是可变的。这个观点对安全心理学特别重要，如能通过各种途径培养人的优良品格，摒弃与要求不相适应的性格特征，将会为社会、为发挥人的自身潜能带来巨大的好处。

（二）能力

能力是指那些直接影响活动效率，使活动顺利完成的个性心理特征。能力可分为一般能力和特殊能力。一般能力包括观察力、记忆力、注意力、思维能力、感觉能力和想象力等，适用于广泛的活动范围。一般能力和认识活动密切联系就形成了通常所说的智力。特殊能力是指在特殊活动范围内发生作用的能力，如操作能力、节奏感、对空间比例的识别力、对颜色的鉴别力等。一般能力和特殊能力是有机联系的，一般能力越是发展，就越为特殊能力的发展创造有利条件；特殊能力的发展，同样也促进一般能力的发展。美国心理学家瑟斯顿（Thurstone）认为，人的智力由计算能力、词语理解能力、语音流畅程度、空间能力、记忆能力、知觉速度及推断能力组成。

作业者的能力是有差异的，其影响因素很多，主要有素质、知识、教育、环境和实践等因素。

1. 素质

素质包括人的感觉系统、运动系统和神经系统的自然基础和特征。素质是能力形成和发展的自然前提，但是素质本身并不是能力，它仅关系到一个人能力发展的某种可能性。能力的发展还受其他因素的制约和影响。

2. 知识

知识是指人类活动实践经验的总结和概括。能力是在掌握知识的过程中形成和发展的，离开对知识的不断学习和掌握，就难以发展能力。能力与知识的发展也不是完全一致的，往往能力的形成和发展比知识的获得要慢。

3. 教育

一般能力较强的作业者往往受过良好的教育，良好的教育使作业者的知识和能力趋于同步增长。

4. 环境

环境包括自然环境和社会环境两方面。自然环境优越，有利于形成和发展作业者的能力；社会环境同样影响作业者能力的形成和发展。

5. 实践

实践活动是积累经验的过程，因此对能力的形成和发展起着决定性作用。教育和环境只是能力发展的外部条件，人的能力必须通过主体的实践活动才能得到发展。

(三) 动机

动机是一种由需要推动的达到一定目的的动力。简单地说，它是人们为达到目标而付出的努力，起着激发、调节、维持和停止行为的作用。动机是一种内部的心理过程，也是一种心理状态。这种心理状态称为激励，即指由于需要、愿望、兴趣和情感等内外刺激的作用而引起的一种持续的兴奋状态，可以作为促进行为的一种手段。人们对工作所持的动机是多种多样的，由于动机不同，工作态度和效率是千差万别的，因此在因素分析中，要把动机看成影响工作结果的重要因素之一。

随着行为科学的发展，创立的激励动机学说有很多，经常被引用的主要有马斯洛的需要层次理论、赫茨伯格的双因素激励理论、弗鲁姆的期望理论、利克特的集体参与理论等。

(四) 情绪

情绪是人对客观现实的一种特殊反映形式，是人因客观事物是否符合人的需要而产生的态度。任何情绪都是由客观现实引起的，当客观现实符合人的需要时就产生满意、愉快、热情等积极的情绪；反之，就产生不满意、郁闷、悲伤等消极的情绪。

按情绪的体验可分为心境、激情和应激三种。心境是一种比较持久的、微弱的影响人的整个精神活动的情绪状态；激情是一种强烈的、短暂的，然而是爆发式的情绪状态；应激是在出乎意料的紧急情况下所引起的情绪状态。紧急的情景惊动了整个机体，它能很快地改变机体激活水平，使心率、血压、肌体紧张发生显著的变化，引起情绪的高度应激化和行动的积极化。

情绪对人们的工作效率、工作质量有重要的影响，关系到人的能力的发挥及身心健康。因此，应当特别关注影响情绪的因素(社会的、工作的、人际的、家庭的和自身的)的研究并加以改进。

(五) 意志

意志是人自觉地确定目的，并支配和调节行为，克服困难以实现目的的心理过程，也可以说是一种规范自己的行为，抵制外部影响，战胜身体失调和精神紊乱的抵抗能力。意志在一个人的性格特征中具有十分重要的地位，性格的坚强和懦弱等常以意志特征为转移。良好的意志特征包括坚定的目的性、自觉性、果断性、坚韧性和自制性。意志品质的形成是与一个人的素质、教育、实践及社会影响分不开的。为了出色地完成各种工作，人们应当重视个人意志力的培养和锻炼。

人的行为内部交织着各种复杂的心理因素。因此，在分析某个行为的时候，应分别对各种心理因素进行分析；在分析集体的行为的时候，应尽可能收集各种因素所具备的条件。否则，由于行为结果因人而异，最后可能作为个体差异处理。个体差异是指在因素条件相同的情况下，人与人之间的差别。

第三节　安全心理学对事故的分析方法

安全心理学对事故进行分析的目的在于从人的因素出发，找出发生事故的规律，提出预防措施。对事故的分析方法除了按受伤部位、受伤性质、起因物、致害物、伤害方式、不安全状态、不安全行为等内容进行常规分析，确定事故的直接原因和间接原因外，主要采取的分析方法有以下几种。

一、人机工程学分析

人机工程学分析主要是通过统计分析方法，根据大量的原始资料，从人、机、环三个方面去找出事故产生的原因及演变规律，找出哪些是人的因素引起的，哪些是机器或环境因素引起的，哪些是人的因素与机器或环境因素相互作用引起的。如果是人的因素引起的，则可以进一步分析是否与知识不足、技术不熟练、疲劳、生理缺陷或疾病、智力、年龄、人格特征、情绪等原因有关，还可分析为什么会出现这种现象，从而突出某些因素与事故的关系，以采取有效的预防事故的措施。

二、一般的事故统计分析

一般的事故统计分析可按事故发生地点（Where，何处）、时间（When，何时）、工种、性别、工龄、年龄（Who，何人）、事故类型、性质（What，何种）、事故原因（Why，何因）分别进行统计分析，寻求事故的规律。

三、个案事故分析

个案事故分析常用于找出事故潜在的隐患，防止以后不再发生同类原因的事故，以及采取最适宜的预防措施，故常常需要对个案事故进行心理学分析，以找出不安全的因素。

四、事故的流行病学分析

事故的流行病学分析是采用流行病学的研究方法，研究特定的职业人群在特定的生产环境中受到特定的危害因素所造成的对安全的影响，并对这些危害因素进行分析研究。依分析方法的不同，事故的流行病学分析方法又可分为以下几种。

1. 回顾性研究

对过去一段时间内，某系统、某单位或某工种既往因工作伤亡事故的资料进行分析、比较，从中找出事故的一般规律和关键因素，作为预防措施的依据。

2. 现况调查

在同一时间（或不同时间），对不同类型或单位的观察对象进行横断面的比较，如比较不同系统、单位、车间或工种的事故资料，并找出其差异原因，或对某一特定人群的现状进行研究，如研究某一单位目前的安全情况及安全心理学方面的问题，并提出对策。

3. 前瞻性研究

依据过去所记录的有关安全问题的历史情况和资料，建立某种数学模型，据以预测将来可能发生的情况或变化。如根据以往因工伤伤亡事故资料和情况，通过建立数学模型，推测在采取某种安全措施后，将来发生工伤的情况，以判断所采取的安全措施的好坏。

复习思考题

1. 我国安全生产事故发生的人为原因主要有哪些？
2. 安全心理学的概念以及研究的主要内容有哪些？
3. 安全心理学的研究方法主要有哪些？
4. 如何理解人-机-环系统模型？
5. 如何理解人的感官系统、神经系统、运动系统与安全的关系？

第二章

人的心理过程与安全

人的心理现象分为心理过程和个性心理两个方面，心理过程是人心理活动的基本形式，包括认知过程、情感过程和意志过程。本章将分别介绍这三个心理过程与安全的关系，同时探讨如何利用心理过程的知识和规律对人的行为进行调控。

第一节 认知过程与安全

认知过程是最基本的心理过程。认知过程是指人认识外界事物的过程，或者说是对作用于人感觉器官的外界因素进行信息加工的过程。它包括感觉、知觉、注意、记忆、思维这几种具有递进上升特点的心理现象，这些心理现象对人的行为产生了重要的影响。研究这些心理现象与安全的关系，对预防事故有着非常重要的意义。

一、感觉、知觉对安全的影响

(一) 感觉的基本内容

1. 感觉的概念

感觉是大脑对直接作用于感觉器官的客观事物单个属性的反映。每个物体都有形状、声音、气味、味道、温度等属性，人只能通过一个一个的感觉器官分别反映物体的这些属性，如眼睛能看到形状，耳朵能听到声音，鼻子能闻到气味，舌头能尝到味道，皮肤能感觉到温度等。每个感觉器官对物体一种属性的反映就是一种感觉。当然，如果全凭自己的感觉，看到的也不一定是真的，诗句"横看成岭侧成峰"充分说明了同一事物不同角度感觉的差异。

有时，人对物体单个属性的反映不是感觉。例如，不少人看到旗帜的形状就会想到红色，这种情况下的大脑虽然反映的是旗帜的单个属性，但这种心理活动已不属于感觉，而属于记忆。所以，感觉反映的是当前直接作用于感觉器官的物体单个的属性。

感觉具有客观性，是对直接作用于感觉器官的客体的反映。人对客观世界的认识是以直观的感觉为开端的，感觉是脑的机能，是外界作用于人的感觉器官、作用于神经系统而最终在大脑产生的。但是，感觉也具有主观性，从感觉的形成和表现来说，它是主观的，主要取决于人的个体差异、人脑的反应，并受到人意识的控制。

2. 感觉的生理机制

产生感觉的生理结构和机能称为分析器。分析器包括如下三个部分。

(1) 感受器：直接接收某种刺激能量而产生神经兴奋的特殊结构，如视分析器的感光细胞、听分析器的毛细胞、皮肤触觉分析器的游离神经末梢等。

(2) 传入神经：负责将接收的能量(或信息)传向高级神经中枢(主要是大脑)。

(3) 中枢神经：接收信息并负责解释，产生相应的感觉。

感觉的产生是整个分析器活动的结果。

由感受器组成的感觉器官及传入神经的活动只是初步的感觉功能，而主观感觉的最后形成则决定于中枢神经。在所有感觉过程中，这些分析器都遵守着同样的工作模式：感受器接收信息并将其转换为能量；传入神经传递信息；神经中枢接收信息并分析、加工，形成感觉。

3. 感觉的种类

感觉的种类是根据分析器的特点及它所反映的最适宜刺激物的不同而划分的。客观事物千差万别，不同的属性作用于不同的感受器，通过不同分析器的活动，便产生不同的感觉。心理学中常见的分类之一是根据内、外感受器及其所反应的内、外环境刺激的不同，将感觉分为外部感觉、内脏感觉、本体感觉。

(1) 外部感觉。外部感觉是指外分析器的各种感受器分布于身体表面，接收各种外部刺激形成外部感觉，包括视觉、听觉、嗅觉、味觉、肤觉(触觉、温度觉)。

(2) 内脏感觉(机体觉)。内分析器的感受器位于身体的内部器官和组织，接收机体内部发生变化的信息，产生内脏感觉，也称机体觉。

(3) 本体感觉。运动分析器的感受器介于内、外分析器的感受器之间，分布于肌肉和韧带内，接收身体各部位器官的运动和位置信号，产生本体感觉，包括运动觉平衡觉。

还有一种特殊的感觉——痛觉。痛觉没有自己独立的特殊的分析器。对于任何感受器来说，如果接受的刺激强度过大，达到伤害的程度，便会产生痛觉。痛觉的这种特殊性使它能够成为报警系统，监视来自任何感觉的异常刺激，引起警觉，使人处于防御状态，设法避开或消除伤害性刺激，从而对机体起到保护作用。

4. 感觉的心理现象

感觉的心理现象就是视觉、听觉、嗅觉、味觉、肤觉、机体觉、运动觉和平衡觉。

(1) 视觉是人们获得客观世界信息的主要来源。视觉提供的外部信息占人所获得全部信息的 80%～90%，因此视觉是人体占主导地位的感觉。

视觉所产生的心理现象有表 2-1 所示的几种。

表 2-1　视觉所产生的心理现象

视觉心理现象	现象阐释
视觉适应	从外面走进已经开演的电影院，一开始看不清任何东西，过一会儿就可以比较清晰地看到眼前的事物，这是视觉的暗适应；反之，则称为视觉的明适应
视觉后象	光刺激已经停止 0.1 秒左右，大脑中却仍保留着视觉印象，如急转的车轮看不到轮辐
闪光融合	以闪烁的光作为视觉刺激，如果能达到一定的频率(如荧光灯每秒钟闪动 100 次)，人就会看到不闪动的光。能引起连续感觉的最小断续频率，叫作临界频率
颜色的情感效应	如红色使人感到热情和喜庆，绿色使人感到清新、生机盎然，紫色给人以威严、高贵的感觉，白色象征纯洁等

(2) 听觉的适宜刺激是频率为 20～20 000 Hz 的声波。

通过听觉，乐音和噪声会产生不同的心理效应。乐音是声波波形有规律地周期性运动的结果，和谐悦耳的乐音能使人产生愉悦的情绪，具有积极的心理效应。噪声由各种强度、频率没有规律的声音组合而成，容易引起疲劳、厌烦、惊恐等不良情绪，干扰人们的工作、学习和生活，降低工作效率。

噪声的心理效应不仅由声音的物理性质决定，还与人的生理、心理状态有关。在同一噪声环境下，每个噪声接受者的主观感觉是不一样的。如足球场上震耳欲聋的呐喊声，对于不懂足球的人来说显然是一种噪声，却能引起球员和球迷的兴奋和狂喜。生活中各类噪声占比如图 2-1 所示，从这个比例来看，控制交通及生活中的噪声比控制工业行业中的噪声要重要得多。

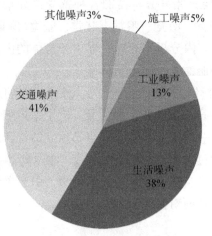

图 2-1　生活中各类噪声占比

（3）嗅觉是一种化学性感觉，其适宜刺激是挥发性的物质分子。嗅觉是最原始的感觉之一，从进化史来看，它有着重要的地位，提供了远距离有气味物体的信息。对于许多动物来说，探测气味是了解食物源、领地归属、危险等的重要方式。嗅觉器官无论在哪种动物身上都是位于头部向前突出的部位，使其具有搜索环境并指导行为的作用。

嗅觉的适应性非常明显，长期闻一种气味不仅使嗅觉对此气味的感受性显著下降，而且会使嗅觉变得迟钝。例如，爱吸烟的人的嗅觉没有平常人强，就是这个缘故。

（4）味觉是一种与选择食物、增加食欲有关的化学性感觉，其适宜刺激是溶解于水的物质分子。味觉的感受器是味蕾，多分布于舌的边缘与背面，有少量分布在软腭、咽部和喉头。味觉的主要特性是甜、酸、咸、苦，它们构成了人的味觉主体，其他味觉感受都是这四种味觉以不同方式融合而成的。

不同部位的味蕾对不同味觉刺激的感受性不同。一般而言，舌尖对甜味最敏感，舌边对酸味最敏感，舌根对苦味最敏感，而舌尖、舌边缘乃至整个舌部都对咸味较敏感。

（5）肤觉是最古老的心理现象之一，是物体的机械和温度特性作用于皮肤表面而引起的感觉。肤觉包含触觉、痛觉、温觉、冷觉四种基本感觉，每种感觉都有自己的适宜刺激范围，都是通过皮肤表面散布于全身的不同感觉点感觉到的。肤觉是一种重要的感觉，越是低等动物，由于其他感觉器官不发达，肤觉的作用越大。皮肤是动物感知外界的主要器官。当人的视觉和听觉受到损坏时，仍可以依赖肤觉来认识世界。

（6）机体觉是机体内部环境变化作用于内脏感觉器官而产生的内脏器官活动状态的感觉。机体觉的感受器是分布在内脏器官壁上的游离状态的神经末梢，通过植物性神经来传递机体感觉。机体觉一般包括饥、饱、渴、痛、恶心、便意等感觉。

（7）运动觉是对身体各个部位的位置和运动状况的感觉，如肌肉、肌腱和关节的感觉。在关节和肌腱内有感受器，感受器觉察身体的位置和运动，并自动调节肌肉的活动。运动觉是人从事正常活动的保证，比如：要拿到桌子上的东西，就必须调整手和手臂的姿势和动作；要上楼梯，就必须保证脚抬得足够高、落得足够稳。这些都需要运动觉的帮助。人一般不能直接觉察到运动觉信息，但是对于优秀的运动员来说，他们对身体肌肉、肌腱和关节的运动十分敏感，对运动速度、动作准确度的估量和稳定性有精细的自我感受。运动觉敏感是选拔高水平运动员和舞蹈演员、杂技演员的重要条件之一。

（8）平衡觉是人在做直线变速运动或旋转时，能保持身体平衡并知道其方位的一种感觉，其感觉器在内耳的前庭器官中。平衡觉对保持身体自立非常重要。失去平衡觉的人会难以调整姿势，易于摔倒，还可能感到眩晕，但是可以靠视觉信息得到补偿。经验和练习也可以帮助达到平衡。平衡觉在建筑施工中的高空作业、走钢丝及体育项目平衡木中都起着重要的作用。

5. 感觉的意义

离开了对客观世界的感觉，一切高级的心理活动都难以实现。有机体一旦失去和周围世界的平衡，生命也将难以维持。所以，感觉是一切知识和经验的基础。

加拿大麦吉尔大学心理学家赫布和贝克斯顿等人曾经在1954年做过感觉剥夺实验，如图2-2所示。实验时，用护目镜、手套等物限制被试者的视觉、肤觉，用空气调节装置的单调声音限制其听觉。实验表明，被试者在感觉被基本剥夺的条件下，注意力难以集中，思维产生跳跃，难以进行连续而清晰的思考。多数被试者不能正常学习，出现了幻觉，甚至在实验过后几天内仍不能进行学习，其集中注意力及连续思维的能力均受到了严重影响。这说明，感觉剥夺会中断人的认知活动，扰乱人的思维过程，摧毁人的情绪和意志，造成心理上多方面的紊乱甚至病态，同时也说明了感觉在认知等心理过程中的重要作用。

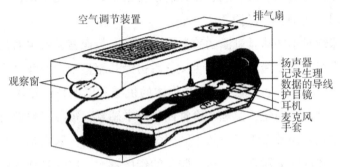

图2-2　感觉剥夺实验

感觉的意义还体现在为适应生存而提供重要的线索和依据上。通过感觉，人们及时把握客观环境，捕捉有利信息，警惕和探测危险信号，增加生存机遇。痛觉就起到了一个报警系统的作用，告诉人们目前存在着来自何方、何种类型的危险，以便人们及时采取措施消除危险。

（二）知觉的基本内容

1. 知觉的概念

知觉是大脑对不同感官通道的信息进行综合加工的结果，是在感觉的基础上产生的，但它并不是感觉的简单集合。知觉在把感觉材料结合成一个整体时，对事物全貌的反映包含着新的意义和理解。

环境每时每刻都刺激、作用于人的感官，人的感官也在不断地了解客观事物的各个属性，例如客体的声音、颜色、空间属性、气味等。然而，在现实中，人总是要把通过感觉所得到的有关事物的各个属性整合起来加以理解，因为只有这样，才能真正认识这一事物。人在认识一个桃子时，既观察到它的形状、颜色，也感受到它的味道、口感等特性，把这些方面的感觉信息整合起来，就构成对"长成什么样的桃子好吃"的基本认识，这个信息整合的过程就是知觉。

知觉的产生不仅需要具体的客观对象，还需要借助过去的经验或知识。

过去的经验、知识可以补偿部分感觉信息的欠缺。例如，在漆黑的夜晚，人们看到公路上一对灯在迅速地移动,虽然看不到汽车的清晰轮廓,但很容易判断出有一辆汽车在行驶,这正是由于人们对汽车的了解弥补了现时感觉信息的不足。

由此可见,知觉既受具体感觉的驱动,又受经验、常识、舆论的驱动。前者是自下而上的过程,后者是自上而下的过程。这两种过程在知觉中相辅相成、相互作用,促使知觉变得相对完整而精确。

2. 知觉的基本特性

人的知觉过程并不是对感觉材料的简单堆积,而是一个非常有组织、有规律的过程,并且具有某些特别的属性。这些属性可以归纳为知觉的四个基本特性,如表 2-2 所示。

表 2-2 知觉的基本特性

知觉基本特性	特性阐释
整体性	当一个熟悉的人从远处走来时,在看不清五官的情况下,仅凭面目轮廓、形体、姿势这些关键特征,也会被辨认出来
选择性	家长在一群学生中,更容易感受出自己的子女
理解性	人们在识别事物的过程中,根据自己的知识经验,对知觉的对象按照自己的意图作出解释
恒常性	人的知觉条件在一定范围内变化时,被知觉的对象仍然保持相对不变的特性。如在月光下看花和在阳光下看花,即使花在月光和阳光下会显现出不同的颜色,但熟悉这些花的人不会认为花的颜色真的变了

3. 知觉的种类

知觉的种类如图 2-3 所示。

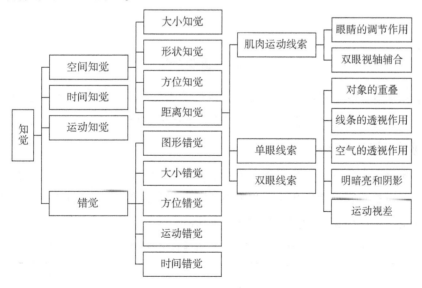

图 2-3 知觉的种类

(1)空间知觉是人脑对物体空间特性的反映。它包括对物体大小、形状、方位、距离等特征的知觉。或者说,大小知觉、形状知觉、方位知觉、距离知觉等综合作用构成人们的空间知觉。空间知觉是多种分析器协调活动的产物,视觉、触觉、嗅觉等感觉的经验及其相互联系对空间知觉的获得起着重要的作用。

(2)时间知觉是人脑对客观事物延续性、顺序性的反映。客观事物是不以人的主观知觉为转移的,人可以借助各种客观的参考信息估计时间。例如,自然界的周期现象、人和动物的生理过程中的规律性变化、计时工具等都是估计时间的依据。生物钟现象是人体内生理的、物理的、化学的规律性变化的综合反映。

(3)运动知觉是人脑对物体的空间位移和移动速度的反映。它与空间知觉有着密切的关系。运动知觉依存的条件有物体的运动速度、运动物体与观察者的距离、运动物体的参考系、观察者本身的状态。

(4)错觉是人对客观事物错误的知觉,是知觉对客观刺激的歪曲反映。常见的错觉现象有图形错觉、大小错觉、方位错觉、运动错觉、时间错觉等。例如:两条等长的线段,其中一条线段的两端加上箭头,另一条线段的两端加上箭尾,后一条线段看起来就比前一条长,这是图形错觉,见图2-4;一斤棉花和一斤铁重量相等,但人却感觉铁比棉花重,这是由于视觉形象与重量感觉相互影响而造成的错觉;在航空中,空间方位错觉是常见的,特别是在海上飞行时,由于海天一色,飞行员找不到自然环境中的视觉参考标志,容易产生倒飞错觉,这时飞行员只有依靠仪表来判断飞机的状态。

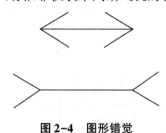

图2-4 图形错觉

尽管错觉是对客观事物不正确的反映,但许多错觉对人们是有益的,它们被大量用于建筑、造型、摄影、布景、杂技、魔术、服装、装潢等领域。

(三)感觉、知觉与安全

感觉、知觉在日常生活中是紧密联系的,感觉是知觉的基础,知觉是多种感觉的有机结合。感觉、知觉与安全密切相关,提高感觉、知觉的敏锐度和准确性能够降低生活中的危险性。感觉、知觉与安全的关系如表2-3所示。

表2-3 感觉、知觉与安全的关系

类型	与安全的关系	例子
视觉	人们接收的外来信息,80%以上是靠视觉获得的	司机必须及时掌握车辆信息和环境信息,才能确保驾驶安全

续表

听觉	人们接收的外来信息，10%以上是通过听觉获得的	机械设备运行的声音、汽车鸣笛的声音等
空间知觉	空间知觉是辨别物体形状、大小、距离和方位等特征的知觉	大雨、大雾等天气会让驾驶员失去清晰的参照物，容易导致交通事故的发生
运动知觉	运动知觉是指人对物体的空间位移和速度的感应，受主观、客观因素的影响，甚至可以产生错觉，给判断信息造成误差	当物体从A处向B处运动时，物体在空间的连续位移使视网膜上相邻部位连续地受到刺激，经过视觉系统的信息加工产生运动知觉

二、注意对安全的影响

(一)注意的基本内容

1. 注意的概念

注意是人的心理活动或意识对一定对象的指向和集中。例如，学生在上课时，如果注意力集中于老师的授课内容，他就会旁若无人，表现了他认知活动的指向与集中；当然，如果他对窗外的小鸟感兴趣，同样也会旁若无人。

注意和人的心理过程紧密联系，是心理活动的一种属性或特性，也是心理过程的一种状态。

2. 注意的作用

注意在人的心理活动中占据很重要的地位，是人进行细致观察、拥有良好记忆、具备创造性想象、产生正确思维的重要前提条件。注意的作用如表2-4所示。

表2-4 注意的作用

注意的作用	说明
选择作用	使心理活动选择有意义的、符合需要的和与当前活动相一致的各种刺激，避开(抑制、排除)其他无意义的、附加的、干扰当前活动的各种刺激
维持作用	将注意对象的内容在意识中指向并保持在一定方向上，直到心理与行为活动达到目的为止
监督调节作用	有利于心理和行为活动准确和精确地进行，也有利于对错误活动进行及时调节和矫正
预测作用	和注意相联系的心理活动还有期待、愿望等复杂过程，这些过程对人的心理与行为活动都有预测的作用

3. 注意的基本特征

注意的基本特征体现在注意的范围、稳定性、分配及转移等方面。

（1）注意的范围是指在同一时间内，人能清楚地把握注意对象的数量方面的特征。研究注的意范围，一般利用速视器来进行实验。在实验中，以0.1秒的时间向被试者呈现刺激时，人眼只能注视一次，在这段时间内能知觉到的对象数量就是被试者的注意范围。人们总是要求扩大注意的范围，因为它直接关系到人们的工作、学习和生活。例如：驾驶员扩大注意范围直接关系到交通的安全；读者扩大阅读的注意范围，可以在单位时间内获得更多的信息等。

（2）注意的稳定性是指在较长时间内，人们服从某个目的，把注意指向并集中在某一种活动或对象上的特性。对于那些单调而细致的工作（如司机、仪表监测、校对等），注意的稳定性更是工作准确无误、安全高效的保障。

（3）注意的分配是指在同一时间内，人们把注意指向两种或两种以上的活动或对象。实践和实验表明，人可以"一心二用"，即同时完成两种活动。如学生可以边听讲、边看黑板、边记笔记，教师可以边讲课、边板书、边注意学生的表情、边调整讲解的内容和方式等。

（4）注意的转移是指根据新的任务，有意识地把注意从一个对象转移到另一个对象上去。注意转移的速度依赖于原来注意的紧张程度，以及引起注意转移的新事物（新活动）的性质。例如，当一个人对前一项活动特别感兴趣，紧张度较高时，注意转移就困难一些。年龄越大，体质越差，情感兴趣越单调，注意的转移就越慢。

以上这些注意的特征在个体之间存在着一定的差异。不同的人，注意的范围、注意的稳定性、注意转移的速度、注意分配的合理程度都有所不同。这些差异主要是在不同的生活实践和教育、训练中形成的，可以通过锻炼改善与提高注意的特征。因此，应该对自身的注意特征进行自我分析，加强自我培养和锻炼。

4. 注意的种类

根据注意的产生和保持有无目的，以及是否需要意志上的努力，可以将注意分为无意注意（不随意注意）、有意注意（随意注意）和有意后注意（随意后注意）三种，如表2-5所示。

表2-5 注意的种类及表现

注意的种类	表现
无意注意	教室里正在上课，突然门"砰"的一声被推开了，大家不由自主地把头朝向门的方向
有意注意	上课的时候，教室外面传来了歌声，学生克服干扰，努力把注意力集中在听课上
有意后注意	人在初学一项技能时，原本不感兴趣，但为了工作需要，不得不付出很大的努力去学习，很快就入了门，并且产生了兴趣，此时不再需要意志上的努力也能学得津津有味

每个人都具有这三种类型的注意,并且这三种注意在人的实践活动中经常处于相互转化的过程中。有意注意可以转化为有意后注意,无意注意可以在一定的条件下转化为有意注意。例如,一个人偶然被某种活动吸引并参加这种活动,后来认识到该活动的重要意义,从而自觉地、有目的地去从事这一活动,这就是从无意注意转化为有意注意了。

人从事任何一种活动,如果经常依靠意志来保持注意,往往会很痛苦,也很容易引起心理疲劳,注意容易分散,工作难以完成;如果只凭无意注意去工作,那么工作不仅会显得杂乱无章,缺乏目的性和计划性,而且也难以持久。只有将三种注意协同作用、相互转化,才能更好地提高工作水平和效率。

(二)注意与安全

只有集中注意力,才能保证感知的图像清晰、完整,思维敏锐、快捷,从而使人的行为及时准确。因此,注意在操作复杂或危险的工作中具有重要意义,它是安全行为的保证。注意与安全示例如表2-6所示。

表2-6 注意与安全示例

注意的种类	安全示例
无意注意	在设备运行过程中,机械部件或运转部件突然发生异响,可以引起操作者的注意,及时排除故障
有意注意	汽车在大风、大雨或大雾的天气里行驶在崎岖蜿蜒的山区道路上,驾驶者必须有意识地集中注意力,观察前方路面
有意后注意	把职业体验作为一种需要,而不是精神负担,并从中体会到工作的乐趣和满足

(三)正确把握注意,保证安全

良好的注意力能使人集中自己的精力,提高观察、记忆、想象、思维的效率。集中注意力就等于打开了智慧的天窗,所以注意的培养与正确把握对开发人的智力、提高学习质量与工作效率、保证安全而言是必不可少的。培养与正确把握注意可以从以下几个方面入手。

一是确立正确的人生追求。工作是为了生活,但并不仅仅是为了生活。人人都有追求自由、幸福和平等的权利,树立正确、实际的人生追求和人生观,对培养和正确把握有意注意具有特别重要的意义。人的注意是有倾向性的,它受理想、人生观的制约。只有树立了合理可行的奋斗目标,才能真正调动人的注意力,把心理活动集中在正常的活动上。

二是培养广泛而稳定的兴趣。注意和兴趣的关系往往是间接的,人可能对活动的过程没有兴趣,但对活动的结果有很大的兴趣。这种间接的兴趣几乎存在于自觉进行的每一项活动中,对培养和形成注意力具有重要的作用。

三是积极锻炼身体,拥有一个健康体魄。人的任何心理活动和行为都是神经传递和神经中枢控制肌肉行动的结果。体育锻炼能够强化人的神经系统，提高神经传输速度，增强人心理活动和行为的协调性和敏捷性，提高注意的稳定性及分配和转移的能力。

四是养成健康的、有规律的生活、工作习惯。注意的分散是学习、工作的大敌，培养和正确把握注意必须养成细致认真的习惯。一方面，要加强自身有意注意的培养，用一定的意志力控制自己的注意，自觉抵御外界的干扰；另一方面，尽量减少无关刺激的干扰，同时要保持良好的休息和睡眠，增强体质，保证健康，这对集中注意、保证安全具有重要作用。

五是有意识地加强专业和安全相关技能、技巧的学习。为了培养和正确把握注意，需要不断丰富自己的知识储备与经验材料，只有在掌握多种技能技巧的基础上，工作才能得心应手，应付自如，注意力也会自然地集中起来。

六是培养良好的情绪调控能力。情绪低落与波动是注意力分散的主观心理原因之一。因此，培养良好的情绪调控能力，善于控制与调节自己的情绪和行为，是培养良好的注意品质、增强注意力、保证安全的一个重要心理条件。

三、记忆对安全的影响

（一）记忆的基本内容

1. 记忆的概念

记忆是比感觉、知觉更为复杂的心理现象。感觉、知觉反映当前作用于感官的对象，记忆则反映过去的刺激在大脑中留下的痕迹。

记忆是实现从感性认识到理性认识的桥梁。如果对感知过的事物不形成记忆，思维失去了素材和基础，就无法进行集中和概括，更无法形成理性认识。

记忆是人类高级心理活动的基础。思维、情感、意志等要在记忆的基础上展开。可以说，没有记忆，人类的学习和工作就不能顺利进行。人们通过感觉、知觉从外界获得信息，如果不能将一部分信息保留下来，就不会有知识、经验，就不能形成概念，进而进行判断和推理，也就无法适应复杂多变的环境。

记忆对个体的心理发展有重要的作用。个体的心理发展依赖于实践中的学习，而所有的学习都包含记忆。离开记忆，人的复杂心理活动就不复存在，知识经验的积累和学习就无法进行，就不会发展技能。记忆是人的心理活动得以继续和发展的前提。

2. 记忆的基本环节

完整的记忆包括识记、保持、再认和回忆三个基本环节，如表2-7所示。认知心理学家把人们的记忆比喻为电子计算机，将这三个环节称为信息的编码、储存和提取。

表 2-7 记忆的基本环节

记忆的基本环节	说明
识记	识记是指识别和记住事物,并在人脑中积累。从信息论的观点看,识记就是信息的输入和编码,它把外界的信息转换为记忆可以接受的编码
保持	保持是对已经获得的知识经验在人脑中储存和巩固的过程。受人主观因素的渗透和影响,保持的内容是动态的、积极的、具有创造性的
再认和回忆	再认和回忆是从人脑中提取知识和经验的过程。再认比回忆容易,再认是在感知过程中进行的,而回忆需要通过一定的思维活动才能进行

记忆的三个环节相互影响、相互依存,有着密切的联系。识记是保持、再认和回忆的前提,欲忆必先记;识记的内容只有在头脑中保持并巩固了,日后才能再认和回忆;再认和回忆是对识记和保持的检验,通过再认和回忆又能促进对识记内容的巩固。

3. 记忆的种类

根据记忆持续时间的不同,把记忆分为瞬时记忆、短时记忆和长时记忆三种类型,如图 2-5 所示,三种类型的特点如表 2-8 所示。

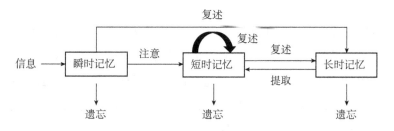

图 2-5 记忆的类型

表 2-8 瞬时记忆、短时记忆、长时记忆的特点

瞬时记忆	短时记忆	长时记忆
单纯存储	有一定程度的加工	有较深的加工
保持 1 秒钟	保持 1 分钟	保持大于 1 分钟至终生
容量决定于感应器的生理特点	容量有限,一般为 7±2 个组块	容量很大
属活动痕迹,易消失	属活动痕迹,可自动消失	属结构痕迹,神经组织发生了变化
形象鲜明	形象鲜明,但有歪曲	形象经过加工、简化、概括

人可以随时意识到周围环境的变化,瞬时记忆的作用就在于它暂时存储了人所受到的所有器官刺激以供选择。人需要瞬时记忆,因为判断周围环境的刺激哪些是重要的、哪些是次要的,并选择对人有意义的刺激需要时间,而且这段时间不能太长,否则就可能丢失后续更重要的信息。

短时记忆又称操作记忆或工作记忆。斯滕伯格(Sternberg)采用加因素法,以记忆扫描实验证明，短时记忆的信息提取方式是完全以系列扫描方式进行的。美国心理学家米勒（Miller）有关短时记忆容量的研究表明，保持在短时记忆的刺激项目大约为7个，人的短时记忆容量为7±2个组块。然而，此后的研究者认为这项研究高估了短时记忆的容量，因为被试者能够利用其他信息源来完成任务，例如回声记忆。在剥离其他信息源的干扰之后，研究者估计短时记忆的真实容量只有2~4个组块。

长时记忆是人类记忆的主要组成部分，是通过对来源于短时记忆的信息进行加工、复述而形成的。有些长时记忆是由于对信息印象深刻而一次性形成的。

长时记忆的作用主要在于把信息系统地储存起来，以便需要时能迅速提取。

以上三种类型的记忆相互联系、相互影响，三者之间有着密切关联。例如：短时记忆可以包容来自长时记忆的信息，而长时记忆也包容短时记忆；短时记忆的内容是长时记忆的一些细节，短时记忆中的信息可以进入长时记忆，处于永久性的状态。

（二）记忆与安全

记忆是对经历过的事物能够记住，并能在以后再现（或回忆），或在事物重新出现时能再认识的过程。在日常生活中，人们时刻都离不开记忆，拥有较好的记忆能力对保证安全生产也有重要的作用。

日本学者保坂荣之介在《如何增强记忆力、注意力》一书中提出了一些增强记忆力应注意的要点：静下心来使精神放松，然后再开始记忆；尽量使脑细胞始终保持良好的状态；要有信心，时刻提醒自己"我能记住"；对记忆的对象要有兴趣，兴趣会成为增强记忆力的促进剂；强烈的需要可以促进记忆；"人逢喜事记忆强"，应注意调控自己的心境；细致的观察有助于记忆；边预想、边记忆效果好。

四、思维对安全的影响

（一）思维概述

1. 思维的基本过程

思维这一复杂的心理过程，就是对人脑中客观现实的信息进行分析与综合、比较、抽象与概括、系统化与具体化，从而获得对客观现实更全面、更本质的认识的过程。其中，分析与综合是思维的基本过程，其他过程都是由分析与综合派生出来的。

分析是在人脑中把事物或对象分解成各个部分或各个属性。例如，把昆虫分解为头、胸、腹，把几何图形分解为点、线、面、体等。综合是在人脑中把事物或对象的某些部分或某些属性联合为一个整体。例如，把单词组成句子、把部件组成完整的机器等构想活动都是综合过程。

比较是在人脑中把各种事物或现象加以对比，来确定它们之间的异同点和关系的思维过程。比较与分析和综合是紧密联系的。比较是对事物的各部分、各种属性或特性的鉴别与区分，因此，没有分析就谈不上比较，分析是比较的前提；另外，比较的目的是确定事物或现象之间的异同点和关系，因此，比较也离不开综合。

抽象是在人脑中把各种对象或现象共同的、本质的属性提取出来，并同非本质的属性分离开来的过程。概括是在人脑中把抽象出来的事物共同的、本质的属性联合（综合）起来的过程。概括得出概念，概念是以词来标示的。抽象和概括同分析和综合及比较紧密联系着。抽象主要是在分析、比较的基础上进行的；概括主要是在抽象、综合的基础上进行的，没有抽象和综合就不可能进行概括。而科学地抽象和概括才是思维过程最主要的特征。

系统化是在人脑中对一般特征和本质特征相同的事物进行分类与归类，形成比较完整的体系。例如，动物可分为无脊椎动物和脊椎动物两种。具体化是把经过抽象、概括后的一般特征和规律同某一具体事物联系起来的过程。例如，求三角形的面积公式为"面积=底×高÷2"，而运用这个公式去计算一个具体三角形的面积的过程，就是具体化过程。

2. 解决问题的思维过程

思维过程主要体现在解决问题的活动中。解决问题的思维过程大致可分为四个阶段，即发现问题、分析问题、提出假设、检验假设。

3. 解决问题的影响因素

解决问题的影响因素有很多，既有情境因素也有个人因素，既有客观因素也有主观因素。归纳起来，解决问题的影响因素如表2-9所示。

表2-9 解决问题的影响因素

解决问题的影响因素	说明
问题情境	当人们已有的知识结构不足以理解和应付眼前的事物时，就会出现问题情境
知识经验	知识经验越丰富、概括、系统，越有助于问题的解决，但如果对它理解片面，则会对解决问题产生消极影响
思维定式	人一旦采用一种不利的思路并加以固定，那采取有利思路的可能性就会变小。沿着固定思路去考虑问题的现象，就是思维定式
动机强度	动机强度适中是解决问题的最佳心理状态。动机过弱，则刺激作用小，解决问题的效率低；反之，会出现欲速则不达的结果
个性特点	人的求知欲、责任心、兴趣、思维习惯、意志力等个性特点，对解决问题能力的发展有明显影响，也影响到问题解决的效率

(二)思维与安全

现代认知心理学把思维看成是人心理的最为核心的部分。思维与感觉、知觉不同，但又有着密切的联系。感觉、知觉得到的信息，不经过思维加工，就不能使人认识客观事物的本质。思维是在感觉、知觉的基础上产生和发展起来的，能够反映出事物的本质特征。

思维在人的心理活动中有着最直接、最广泛的应用，与行为安全密切相关。

思维的基本过程表现为一定的思维形式，并体现在具体的思维活动中。人对有关操作的各种概念理解得越准确、越全面，就越能对思维提供可靠的帮助，从而得出正确的结论，越有利于安全生产。思维必须借助于判断产生结果，思维结果以判断的形式表现出来。现代企业生产系统的运行有时处于一种非常复杂的状态，在某些情况下，操作者要通过推理来获得应变能力。因此，在复杂工作状态下，思维的准确性是安全生产的重要前提。

分析与综合是思维的基本过程，两者关系密切。分析是综合的基础，综合是对分析的高度概括。例如，在生活和工作中，对各种外界信息进行不断的分析，同时做出综合判断，确定环境是否良好，以做好充分的心理准备。因此，思维对安全具有重要的意义。

（三）提高思维的准确性，确保安全

1. 培养思维的组织性

思维的组织性是指思维活动的进行有一定的目的、计划和系统性。人对解决某一问题的目的和意义认识越明确，解决这一问题的思维活动也就越积极、越认真。思维的系统性是指思维活动能遵循一定的逻辑步骤有条不紊地进行。思维有组织性的人，思路清晰，条理清楚，坚持原则，能一步一步地思考，每一步都有明确的目的和要求。

2. 培养思维的广阔性和深刻性

思维的广阔性是指思路广阔，能把握事物各个方面的联系和关系，能全面地思考和分析问题。思维的深刻性集中表现在抓住本质、弄清规律、预见发展趋势与后果。思维具有广阔性和深刻性的人，能在简单而普遍的、众所周知的事物中看出和发现重大问题。

3. 培养思维的批判性

思维的批判性是指善于冷静地考虑问题，不轻信、不迷信权威的意见，能有主见地分析、评价事物，不易被偶然的暗示动摇。思维的批判性包括五个方面，如表 2-10 所示。

表 2-10 思维的批判性

思维的批判性	说明
分析性	在思维过程中不断地分析解决问题所依据的条件，反复验证已有的假设、计划和方案
策略性	在头脑中形成相应的策略和解决问题的手段，并有效地执行
全面性	善于考虑正、反两个方面的证据，随时修正错误
独立性	坚持自己的正确见解，不盲从、不轻信
正确性	思维的结论符合实际

4. 培养思维的灵活性

思维的灵活性是指思维活动的智力灵活程度，包括四个方面，如表 2-11 所示。

表 2-11 思维的灵活性

思维的灵活性	说明
思维起点的灵活性	从不同的角度、方向、方面,采用不同的方法来解决问题
思维过程的灵活性	从分析到综合,从综合到分析,灵活地进行"综合分析"
概括和迁移能力	愿意和善于运用规律,触类旁通
思维的结果为多种合理而灵活的答案	思维具有灵活性的人能根据不同的情况和条件灵活地运用知识和经验;反之,则不善于分析问题,而是沿用习惯方式,死套法则、公理

5. 培养思维的创造性

思维的创造性就是创造性思维的能力。它是经过独立思考创造出有价值、新颖的产物的智力品质,是人具有智力的高级表现,是独创性地解决问题的过程中表现出来的智力品质。没有创造性,就没有人的自我更新和适应能力。

6. 培养良好的思想感情和意志性格

人的思想感情、意志性格影响着思维的准确性。工作热情往往影响到思维活动的效率。热情高涨时,思维活动的效率就高,这时会思想明确、灵活机智、思维过程迅速;相反,颓废、心灰意懒时,思维活动的效率就低,联想过程就进行得缓慢。情绪激动、急躁紧张,都影响思维的顺利进行。在独立思考的过程中经常会遇到困难,若没有坚强的意志坚持工作下去,独立思考就会中断。

对思维良好品质的培养,目的在于提高思维的准确性。人在成长过程中,尤其是在家庭教育及基础教育期间,应学会逻辑分析,以理服人,学会"讲道理"。

第二节 情感过程与安全

人们在认识客观事物时,产生态度的体验、情绪、情感、情操等,称为情感过程。人的行为之所以表现出差异性,在很大程度上是因为人的情绪状态不同。例如,处于同一工作岗位的人,由于情绪状态不同,产生的行为结果也不同。人的情绪处于积极状态时,思维敏锐、动作迅捷,认识水平和预防事故的能力也会提高;人的情绪处于消极状态时,思维与动作较为迟缓,可能为事故的出现埋下隐患。比如,交通拥堵使驾驶员的心情烦躁,此时会提高事故的发生率。因此,研究情感过程(即情绪情感过程)对安全的影响是有意义的。

一、情绪情感概述

(一)情绪情感的概念

情绪情感是人对外界客观事物是否符合其需要与愿望、观点而产生的态度体验,是与人的自然性和社会性需要相联系的一种内心态度体验。

(二)情绪情感的表现形式

情绪情感在不同层面上有不同的表现形式,在认知层面上表现为主观体验,在生理层面上表现为生理唤醒,在表达层面上表现为外部行为,具体如表2-12所示。当情绪情感发生时,这三个层面同时活动、同时存在,构成一个完整的情绪情感体验过程。

表2-12 情绪情感的不同表现形式

情绪情感的表现形式	说明
主观体验	如快乐和悲伤都是内心的体验,这使得情绪情感区别于认知过程,思维以概念的形式反映事物,情绪情感则通过感受和体验反映事物
生理唤醒	在生理层面上,情绪情感常常伴随着生理上的唤醒或变化,如愉快时血管舒张、害怕时血压升高、紧张时心跳加快等
外部行为	情绪情感的外部行为表现在面部肌肉、身体姿势、语音和语调等方面,如高兴时眉飞色舞、害怕时浑身发抖、伤心时痛哭流涕、生气时面红耳赤等,可以通过这些外部行为来判断和推测他人的情绪

(三)情绪情感的区别和联系

心理学上把对客观事物态度的体验叫感情。由于这种说法过于笼统,后来又采用了情绪和情感两个概念,以区分感情发生的过程和这一过程中产生的体验。所以,情绪和情感指的是同一过程和同一现象,只是它们分别是同一心理现象的不同方面,两者既有区别又有联系。

1. 情绪和情感的区别

(1)情绪一般与个体生理需要(如饮食、睡眠等)的满足有关,为人类和动物所共有;而情感一般与个体社会性需要(如交际、友谊、工作等)的满足有关,是人类所特有的心理现象。

(2)情绪具有冲动性,并带有明显的外部表现,如悔恨时捶胸顿足、愤怒时暴跳如雷等。情绪一旦产生,其强度往往较大,有时难以控制。而情感则经常以内隐的形式存在或以微妙的方式流露,并且始终处于意识的调节支配之下。

(3)情绪具有情境性和短暂性的特点,如噪声会引起不愉快的体验,一旦情境不存在或发生变化,相应的情绪体验就随之消失或改变;而情感则具有稳定性、深刻性和持久性的特征,主要是指个体的内心体验和感受,一经产生,就比较稳定,一般不受情境影响。

(4)情感具有感染性和移情性。感染性,就是以情动情。一个人的情感可以感动他人,使他人产生同样的或类似的情感;同样,他人的情感也可以感动自己,使自己产生同样的或类似的情感。移情性就是人们不自觉地把自己的感情赋予原本没有这种感情的外界事物。如一个人在开心时就会觉得其他人也一定很开心,甚至山欢水笑;相反,一个人在悲伤时,就会觉得云愁月惨,甚至世界末日已到。

2. 情绪和情感的联系

在现实生活中,人的情绪、情感虽各有特点,但其差别是相对的。在现实具体的人身上,情绪和情感是交织在一起的,互相联系、互相制约。一方面,情感离不开情绪,稳定的情感在情绪的基础上形成,又通过情绪表达;另一方面,情绪也离不开情感,人的一切情绪表现都要受情感的支配或制约,情感决定着情绪的表现强度。情绪是情感的外部表现,情感是情绪的本质内容,两者密不可分,统一于人的社会性之中。

(四)情绪情感的功能

情绪情感的功能如表2-13所示。

表2-13 情绪情感的功能

情绪情感的功能	说明
适应功能	情绪情感能够调动机体的能力,以适应周围环境的变化;此外,情绪情感的外部表现使别人能够觉察并理解自己,进而得到别人的同情和帮助
动机功能	情绪情感能够驱动个体从事活动,提高活动效率
组织功能	人处于积极的情绪状态时,容易注意到事物美好的一面,态度变得和善,也乐于助人,勇于承担责任;相反,人处于消极的情绪状态时,看问题容易悲观,且容易产生攻击性行为
信号功能	情绪情感的信号功能是通过表情实现的,如微笑表示友好、点头表示同意等

二、情绪情感对安全的影响

人在生产活动过程中的情绪情感,不仅直接影响心理变化,而且会通过影响人的行为间接影响工作,与安全有着密切的关系。

(一)情绪的维度及两极性与安全

情绪的维度是指情绪所固有的某些特征,主要指情绪的动力性、激动性、强度和紧张度等方面。这些特征的变化幅度具有两极性,每个特征都存在两种对立的状态。

1. 情绪的动力性

情绪的动力性有增力和减力两种表现。当人的需要得到满足时会产生肯定情绪,情绪是增力的,能提高人的能力水平;当人的需要得不到满足时会产生否定情绪,情绪是减力的,会降低人的能力水平。

2. 情绪的激动性

情绪的激动性有激动和平静两种表现。激动的情绪是一种强烈的、短暂的、外显的情绪状态，如激怒、狂喜、极度恐惧等，它是由一些重要的事件或由出乎意料、超出意志力控制范围的事件引起的。与激动的情绪对立的是平静的情绪。平静的情绪是指一种平稳、安静的情绪状态，它是人们正常生活、学习和工作时的基本情绪状态，也是基本条件。

3. 情绪的强度

情绪的强度有强、弱两种表现。情绪体验可以在强度上有不同等级的变化，由弱到强。比如由愉快到狂喜，由微愠到暴怒。在情绪的强弱之间还有各种不同的强度，比如喜，可以由适意、愉快到欢乐、大喜、狂喜。情绪的强度越大，整个自我卷入情绪的程度越深。情绪的强度主要取决于引起情绪的事物对个体所具有的意义，意义越大，引起的情绪就越强烈。

4. 情绪的紧张度

情绪还有紧张和轻松两种表现，往往在个体活动的关键时刻表现出来。一般而言，适度的紧张可以促使个体积极行动，但过分紧张，就可能导致个体不知所措，甚至停止行动。

（二）不同情绪状态与安全

情绪状态是指在某个事件或情境的影响下，在一定时间内所产生的情绪。根据情绪的强度、持续的时间和紧张度，可以将情绪分为心境、激情和应激。

1. 心境

心境是一种比较微弱、平静但持久影响人的心理活动的情绪状态，即心情。心境具有弥散性，当人处于比较愉快的心境时，会觉得轻松，感觉周围的一切都很美好；相反，当人处于不愉快的心境时，会觉得沉重，对什么事情都感到厌烦。引起心境的原因有许多，工作中的顺境与逆境、事业上的成功与失败、人际关系的亲疏、生活条件的优劣、心理状况的好坏乃至自然环境的变化等，都可能是导致某种心境的原因。心境对人的学习、工作和生活有着重要的影响。

相传，古时候有两个秀才一起去赶考，路上遇到出殡，看到棺材，其中一个秀才心想："完了！真触霉头，赶考的日子居然碰到这个倒霉的事。"心情一落千丈，导致文思枯竭，应有的能力没有发挥出来，最后名落孙山。另一个秀才也看到了，一开始心里也"咯噔"了一下，但转念一想："棺材，棺材，噢！那不就是有'官'有'财'吗？升官发财！好兆头。"于是心里十分兴奋，情绪高涨，走进考场，当下文思如泉涌，下笔如有神助，最后一举高中。两个秀才对同一件事情表现出来的两种心境造成了两种截然相反的结果，这说明心境直接影响人的生活和工作。

2. 激情

激情是一种强烈的、爆发式的、持续时间较为短暂的情绪状态，并伴随着明显的生理反应和外部行为表现。例如，极度恐惧时血压升高、心跳加快、浑身战栗。激情通常是由重大的、突如其来的事件引起的。激情既有消极的，也有积极的。处在消极激情状态中的人，认知范围变窄，分析能力和自控能力下降，极有可能做出一些不理智和不安全的事来，如动手打人、故意违章等。这种情况下的激情是不冷静心理的表现，对安全活动极为不利。激情在积极的状态下，可以成为激励人积极行动的巨大力量。

3. 应激

应激是由出乎意料的紧张状况或遇到危险情境时所引起的情绪状态，是人对意外的环境刺激的适应性反应。应激状态的产生与个体对所面临情境的自我应对能力的评估有关。个体意识到情境要求已超出了自己的应对能力时，就会处于应激状态。突然发生的事故或险情，促使人立即做出反应、采取应对措施，此时人的情绪就处于应激状态。个体在应激状态下的反应有积极和消极之分，这与个体的心理素质水平有关。心理素质较强的人在面对突发的状况时，能迅速调动自身的力量，使体力与智力都达到最佳水平，头脑冷静，思维敏捷，能急中生智。心理素质较弱的人在面对突发的状况时，则表现为惊慌失措、意识狭窄、动作紊乱、呆若木鸡。

(三) 不同情感类型与安全

人类的高级情感主要包括道德感、理智感和美感。这三类情感属于社会性情感。

1. 道德感

道德感是个体按照一定的社会道德标准，在评价自己或他人的行为举止、思想言论和意图时产生的主观体验。在社会活动中，人总是用一定的道德准则来衡量自己和他人的思想言行。如果思想言行符合社会普遍认可的道德准则，人的内心就会对此表示肯定，产生一种满意的情感；反之，则会产生一种不满意的情感。不同的人对同一件事的道德感不一定相同，例如对违章操作，多数人能从保证安全的要求出发，产生担忧、厌恶、羞耻的情感；少数人则会从眼前的利益出发，产生满足、侥幸、羡慕的情感。

2. 理智感

理智感是智力活动过程中，在认识和评价事物时产生的主观体验。例如：人在获得新的工作成就、掌握先进的科学技术时，就会产生满足感和自豪感；遇到问题需要解决时，就会产生困惑感；问题得到解决时便会产生喜悦感。这些都属于理智感。人的理智感对安全生产的进行具有重要的意义。人只有在丰富的理智感的支配下，才能不断地提高认识水平和知识水平，发挥潜能。

3. 美感

美感是接触事物时根据一定的审美标准所产生的情感体验。人的审美标准既反映事物

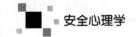

的客观属性，又受个人的思想观点和价值观念的影响。不同的人对美的理解是不同的。有的人以对工作负责、能力优秀为美，有的人则以打扮时尚、会吃会玩为美。前者对美的理解对于生产中的安全是一种有利因素，因为它可以激励人们树立起较强的工作责任感和对技术精益求精的精神。后者对美的理解则有可能使人们敷衍工作，忽视安全要求。例如：一些人随意改造机器设备，使之失去了劳动保护的作用；一些女工披散头发、穿高跟鞋，或戴着戒指、首饰操作高速运转的机器，结果造成安全事故。

三、情绪情感的调节

情绪情感的调节是指个体管理和改变自己或他人情绪情感的过程。在这个过程中，通过一定的策略和机制，使情绪情感在生理活动、主观体验、表情行为等方面发生一定的变化。情绪情感调节的方法主要有意识调节法、认知调整法、情境转移法、合理宣泄法、自然陶冶法和想象放松法。

(一)意识调节法

意识调节法是一种通过自我认识和评价来调控自己情绪情感的方法。情绪情感是人们主观意识到的体验，人们不仅能认识自己的情绪情感，还可以有意识地、自觉地调整、改变自己的不良情绪情感。自我意识的集中表现就是有自知之明，对自己的现实条件及特长、优势有较为清醒的认识。意识调节法是最重要的一种情绪情感调节方法，能解决认识上存在的根本性问题。

(二)认知调整法

认知调整法是一种用合乎原则和逻辑的思维去调控情绪情感的方法。认知调整法的核心就是要变消极的认知方式为积极的认知方式，多使用积极的暗示性语言，培养自己的理性观念，减少非理性观念导致的负面的、不稳定的情绪。

(三)情境转移法

情境转移法就是有意识地把自己的情绪情感转移到另一个方向上去，使情绪情感得以缓解的方法，也称注意力转移法。情绪具有情境性，在情绪不安的情况下，强迫自己转移心理活动的指向，变换情境，可以调节自己的情绪。

(四)合理宣泄法

合理宣泄法就是把不良的情绪情感能量通过一定的渠道释放出来，以缓解心理压力、恢复心理平衡的方法。消极的激情一旦产生，人们便觉得痛苦难忍。对这样的情绪，如果过分抑制会引起意识障碍，影响正常的心理活动。这时，应进行合理的宣泄。宣泄的途径有很多，如倾诉、哭泣、写作、运动、用模拟物品出气等。

(五)自然陶冶法

在遇到不顺心的事时，不要一个人闷在屋子里，可以走到大自然中去，到海边、湖畔、山顶，让自然的博大陶冶自己的性情，开阔心胸，恢复心理的平静。

（六）想象放松法

以尽可能舒服的姿势坐在椅子上，双眼轻轻地闭合，用鼻子呼吸，呼吸尽可能慢且深，体验当前的感觉，观察自己的身心变化，观察自己的呼吸。若能持续10分钟，则可以获得很好的放松效果。

第三节　意志过程与安全

一、意志过程概述

（一）意志的概念

意志是自觉地定目的，支配和调节自己的行为，克服各种困难以达到预定目的的心理过程。正是有了意志，人才可能在纷繁复杂的环境中主动提出目的，主动采取行动来积极地改造外部世界以满足自身的需要。意志的产生与社会活动有着密切的关系，社会活动对意志的产生提出了需要也提供了可能。

（二）意志行动的特征

人的意志总是与行动紧密联系的，所以把受意志支配的行动称为意志行动。意志行动的特征主要表现在以下三个方面。

1. 有明确的目的

离开了明确的目的就谈不上意志。冲动的行为、盲目的行为，都是意志薄弱的表现。一个意志坚强的人，在工作目的明确后，意志既能激励他采取达到目的所必需的行动，又能制止他不符合目的的行动。所以，衡量一个人的行动是不是意志行动，首先要看他的行动是不是有明确的目的。

2. 与克服困难相联系

意志行动是有目的的行动，而且目的的确定与实现通常会遇到种种困难，因此，克服困难的过程也就是意志行动的表现过程。一个人如果在生活中形成了不利于安全的习惯，如酗酒、工作时与人讲话、行车走路时玩手机等，要想克服这些习惯，除了明确工作的目的以外，用意志行动克服困难，杜绝这些不利于安全的行为也是很重要的。因此，意志的坚强程度是以克服困难的程度为标志的，人在行动中克服的困难愈多愈大，表现出来的意志也就愈坚强。

3. 以有意动作为基础

人的行动不论如何复杂、如何多样,都是由许多简单的动作构成的。人的一切动作可分为无意动作和有意动作两大类。无意动作是指无条件反射活动,如眨眼、打喷嚏、手被刺痛马上缩回等。有意动作是指在生活实践中学会了的动作,它们是有目的、有意识的,既是意志行动最简单的表现,又是一切复杂意志行动的基础和必要的组成部分。人只有掌握了一系列的有意动作,才有可能根据目的去组织、支配、调节、组成复杂的意志行动,实现一定的目的。例如,某员工为达到保质保量完成工作任务的目的,需要努力克服困难,而这种意志行动就必须以在工作中会看、会听、会做等一系列的有意动作为基础,没有这些有意动作的参与,意志行动就无法实现,目的也不能达到。

(三)意志行动的基本阶段

意志行动既然是有目的、有意识的,那么,意志行动的过程就包括对行动目的的确定和行动计划的制订,以及采取保证达到目的的行动两个阶段,即采取决定和执行决定两个阶段。

采取决定阶段决定意志行动的方向和行动的方法、步骤,是完成意志行动不可缺少的开端。决策是一个过程,它不是一瞬间完成的,而是有着丰富的心理内容,充分体现了人的意志品质。行动的决策包含着动机的斗争、目的的确定、行动方法的选择和计划的制订等。

执行决定阶段是意志行动的关键阶段,是使意图、愿望、计划和措施付诸实施的阶段。意志行动只有经过执行决定阶段,才能达到预定目的。优良的意志品质,也正是在克服内外困难的实际斗争中锻炼和培养起来的。

二、意志对安全的影响

意志对安全的影响体现在意志的品质与安全的关系方面。一个具有良好意志品质的人往往不容易出现不安全行为,因而不容易导致事故发生。意志的基本品质包括自觉性、果断性、坚韧性、自制性。

(一)意志的自觉性与安全

自觉性是指对行动的目的、意义有深刻的认识,并确信自己行动的正确性和必要性,为实现预定的目的而进行的努力。如在工作中要取得效益,就必须在安全第一的前提下确保质量和产量,这就是工作的目的。具有意志自觉性的人,总是以这一目的为指导,不做与目的相违背的事(如马虎工作、粗枝大叶、违章违纪等),自觉地将有碍于目的实现的行动克服掉。与自觉性相反的不良品质是受暗示性。易受暗示的人,本身缺乏能力,也没有独立思考能力,容易受到别人的影响,随波逐流。

(二)意志的果断性与安全

果断性是指善于迅速地辨明情况,正确决策,并立即付诸行动的品质。在一定目的的指导下，在发生意外情况（如正常运转的机器突然发出异响，生产工作场所突然产生异味等）时，能当机立断、毫不犹豫，果断地采取行动。与果断相对立的是优柔寡断和冒失。冒失者对事物不进行周密的思考，草率从事。

例如，壁虎被其他动物抓住尾巴时，就采取断尾求生之法，这就是一种有意志的明智的行动。

（三）意志的坚韧性与安全

坚韧性是指坚持不懈地克服困难，不言退缩的意志品质，就是常说的毅力。它不仅表现为能坚定决心，而且表现为具有顽强的奋斗精神，不因失败而气馁。与坚韧性相反的则是意志的动摇性。具有意志动摇性的人往往虎头蛇尾，半途而废，不能正确估计自己。许多人之所以成功，正是因为拥有坚韧的意志力。正如《荀子》中言："骐骥一跃，不能十步；驽马十驾，功在不舍。"

意志的坚韧性对于克服工作、生活中的困难，降低事故危害程度等而言是一种可贵的意志品质。例如，安全生产以熟练的操作技能为基本前提，而技能是需要后天努力的，要达到熟练的程度，需要坚韧的意志力。

（四）意志的自制性与安全

自制性是一种善于管理和控制自己情绪和行动的能力，也称为自制力或意志力。自制性表现在动机斗争时能努力控制自己，克服内心障碍，做出正确的决定；表现在行动过程中善于控制自己的消极情绪或冲动行为，促使自己去执行决定。如一个汽车驾驶员在驾驶过程中突发疾病，这时他会努力控制自己消极情绪的干扰，努力把握住方向盘，踩下刹车，紧急停车。这其中起作用的很重要的一个因素就是自制性的意志品质。与自制性对立的是任性，不加任何约束，感情用事，这是意志薄弱的表现。在顺境中生活的人，无论年龄大小，都容易犯任性的毛病。

意志的自制性品质对安全行为有重要的影响。例如，一个企业为了预防事故、保证安全，每个部门都有相应的劳动纪律和安全规章制度，而只有员工有良好的意志自制性才能自觉地按照规章制度办事，积极主动地去执行已经做出的决定。所以，想要保障安全，就要遵章守纪，就要加强意志自制性品质的培养。

三、意志力的培养

意志力并非生来就有或者不可改变的特性，它是一种能够培养和发展的技能。词典上将意志力解释为"控制人的冲动和行动的力量"，其中最关键的是"控制"和"力量"这两个词。"力量"是客观存在的，问题在于如何"控制"。培养意志力可以通过以下几种途径。

一是明确自己的生活目的。生活目的人人都有，但性质、特点各不相同。人的意志行动是为了实现预定目的的，培养一个人的优良意志品质，首先是要有正确的行动目的，然后有一个可行的实施步骤。

二是提高情感对意志的支持作用。情感和意志是相互作用的，意志努力可以在一定程度上调节和控制情绪和情感，而情感反过来又能激励意志，在一定程度上影响意志力的表现。

三是加强意志的自我培养。意志是一种为实现预定目的，有意识地支配、调节自己行动的心理现象。因此，它既可以自我感觉、自我体验，又可以自我培养。一般推荐在体育活动中通过坚持锻炼，达到形成优良意志品质的目的。

四是提高对挫折的承受力。既然挫折不可避免，那么每一个人都应该正视挫折，积极主动地解决失败所带来的问题，提高自己对挫折的承受力。

五是自觉运用纪律来培养意志品质。纪律体现了集体的共同意志，是做好工作、完成任务的基本保证。因此，纪律不仅约束人的行动，更主要的是它给社会成员的行动规定了方向。自觉遵守纪律，可以培养人优良的意志品质，尤其是对意志的自觉性品质和自制性品质的培养具有明显的作用。

复习思考题

1. 如何正确把握注意，保证生产安全？
2. 安全生产过程中为什么要发挥创新精神？
3. 应激状态对安全作业是有利还是不利？请举例说明。
4. 情绪和情感的区别和联系是什么？如何做好情绪情感的调节？
5. 意志对安全的影响有哪些？如何做好意志力的培养？

第三章

个性心理与安全

第一节 个性及其与安全的关系

一、个性和个性心理结构

人是社会的个体,是某一社会享有一定权利的成员,能够而且应该承担与此相应的社会角色和履行义务,从而实现其自身的潜能。每个人的精神面貌都不相同,各自记录着自己的生活史。个性是指一个人的总的精神面貌,它反映了人与人之间稳定的差异的特征。人的个性心理结构主要由个性心理特征和个性倾向性两部分组成。

(一)个性心理特征

个性心理特征是人的多种心理特征的一种独特的组合。它集中反映了一个人精神面貌稳定的类型差异。

例如,有的人聪明,有的人愚笨;有的人有高度发展的数学才能,有的人有高度发展的音乐才能,这些是能力上的差异。能力标志着人在完成某项活动时的潜在可能性上的特征。

有的人活泼好动、反应敏捷,有的人直率热情、情绪易冲动,有的人安静稳重、反应迟缓,有的人敏感、情绪体验深刻、孤僻,这些是气质上的差异。气质标志着人心理活动稳定的动力特征。

有的人果断、坚韧不拔,有的人优柔寡断、朝三暮四,有的人急功近利,有的人疾恶如仇,这些是性格上的不同。性格显示着人对现实稳定的态度和行为方式上的特征。

能力、气质、性格统称为个性心理特征。

(二)个性倾向性

个性倾向性是推动人进行活动的动力系统,是个性结构中最活跃的因素。它决定着人对周围世界的认识和态度的选择和趋向,决定着他追求什么,什么对他来说是最有价值的。个性倾向性主要包括需要、动机和价值观。需要是个性倾向性的基础。人有各种需要,如生理需要、安全需要、交往需要、成就需要等。个性是人在活动中满足各种需要的基础上形成和发展起来的。人的一切活动,无论是简单的还是复杂的,都是在某种内部动力推动下进行的。这种推动人进行活动,并使活动朝着一定目标的内部动力,称为动机。动机的基础是人的各种需要。对一个人来说,什么是最重要的?想要怎样生活?又必须怎样生活?由此而产生的愿望、态度、目标、理想、信念等,都是由这个人的价值观所支配的。价值观是一种浸透于人的所有行动和个性中的,支配着人评价和衡量好与坏、对与错的心理倾向性。价值观的基础也是人的各种需要。如果说需要是个性倾向性的基础,那么价值观则处于个性倾向性的最高层次。它制约和调节着人的需要、动机等个性倾向性成分。

人的个性总是在活动中体现出来的。在人的各种活动中,需要、动机是人活动的根源和动力;兴趣、爱好决定人活动的倾向;理想、信念、世界观关系着人的宏观的活动目标和准则;能力决定了人的活动水平;气质决定了人活动的方式;性格则决定人活动的方向。在活动中表现出来的人的个性心理的诸成分的综合,生动地显示了一个人总的精神面貌。

二、个性心理与安全

人的个性是在各种活动中体现出来的。从事生产是人全部生活活动的一部分,安全生产工作是生产活动的一部分。因此,人的个性心理体现于他的安全活动中,在预防事故、发现事故、处理事故等安全活动的各个环节上,人都会体现出各自活动方式、活动水平、活动倾向、活动动机、活动方向的不同,也取得了不同的结果。

在生产活动中,大部分事故都是与人为因素有关的。例如,某部门对其所属企业发生事故的原因做了统计,结果表明,86%的事故都与操作者个人麻痹或违章等因素有关。日本的警察机构对日本1969年的全国交通事故的原因进行了统计和分析,结果发现,98%的事故都是由驾驶员直接引起的。

人为因素是大部分事故的起因,那么这些肇事者在某些方面是否有着一些共同的特点呢?大量的研究都给出了肯定的答案。人们发现,缺少社会责任感、缺少社会公德、自负、情绪不稳定、控制力差、业务能力差等这些个性上的品质,都可以或多或少地在这些肇事者身上找到。在分析事故起因时，这些个性品质往往正是导致事故的直接原因。这也从实践上证明了人的个性与安全之间存在着内在联系。有些个性品质有助于做好事故预防，及时发现事故和妥善处理事故等各个环节的工作，而有些个性品质则不利于搞好安全生产。但无论如何，理论和实践都证明，个性与安全有着密切联系，在生产活动中，无论是要克服人的不安全行为，还是要及时辨识物的不安全状态，都受到个性心理诸成分的制约和影响。

第二节 需要、动机与安全

一、需要的定义及特征

作为社会成员的个人，一切活动都有一定的起因，而最基本的起因就是需要和动机。

(一)需要的含义

人的存在和发展，必然需要一定的事物。像衣、食、住房、劳动、人际交往等，都是作为社会成员的个人及社会存在和发展所必需的。这些必需的事物反映在个人的头脑中就成为人的需要。因此，需要是个体和社会生存与发展所必需的事物在人脑中的反映。人的需要是多种多样的。根据起源，可把需要分为自然性需要(饮食、婚配等)和社会性需要(劳动、交往等)；根据需要的对象，可把需要分为物质的需要(食物、住房等)和精神的需要(求知、审美等)。

(二)需要的特征

1. 客观现实性

"任何人如果不同时为了自己的某种需要和为了这种需要的器官而做事，他就什么也不能做，他们的需要即他们的本性。"人的需要是在一定的自然条件或社会条件下产生的，它会随着客观条件的变化而变化、发展而发展。

2. 主观差异性

严格地讲，需要仅仅指个体反映机体内部或外界生活的要求而产生的，并为自己感受或体验到的一种内部缺乏或不平衡状态。需要总是主观的，它以意向、愿望、动机、抱负、兴趣、信念等形式表现出来。正因为需要是主观的，而需要的广度依赖于人的自身状况及生活的物质条件，所以人的需要又表现为丰富多样性和个别差异性。

3. 动力发展性

需要是个体活动的基本动力，是个体行为动力的重要源泉。人的需要是一个不断发展变化的动态结构，永远不会只停留在某一种水平上。从内容方面来看，需要的发展性主要表现在两方面，即横向发展和纵向发展。从需要实现的手段上看，需要的发展性还表现在实现或满足需要的方式和手段越来越多，水平越来越高。

4. 整体关联性

人的需要结构中的诸要素是相互联系、相互作用的整体。这种整体关联性表现为各种需要互为条件，又互为补充。一方面，精神需要的存在与发展以物质需要的存在与发展为基础，物质需要的存在与发展又以精神需要的存在与发展为条件。满足精神需要一般来说应以物质需要作保障，满足物质需要必须要以精神需要作指导。另一方面，各种需要又是互为补充的。

二、需要层次理论

美国心理学家马斯洛在20世纪40年代提出了需要层次理论。马斯洛认为人的需要是多种多样的，按其强度的不同排列成一个等级层次，包括生理需要、安全需要、归属与爱的需要、尊重需要、自我实现的需要。虽然所有的需要都出于人的客观需求，但是在某一时期，有一些需要比另一些对于人的生存和发展来说更加重要。当这一层次的需要获得满足之后，人将会被下一个需要层次支配。马斯洛并不认为一个层次的需要必须完全获得满足之后，人才能够去处理下一个层次的需要。但是，马斯洛认为一个层次的需要必须能获得持续的和实质性的满足，才能够去处理下一个层次的需要。

（一）生理需要

这类需要是人与动物共同具有的，是生存直接相关的需要，包括吃、喝、睡眠等。生理需要的某一种若不能获得满足，就会影响人的生活。举例来说，一个人可以在暂时的饥饿中仍有能力处理较高层次的需要，但是前提是这个人的整个生活不能笼罩在饥饿之中。

（二）安全需要

当生理需要被很好地满足之后，安全需要则随之在人们的生活中起主要作用。安全需要包括对结构、秩序和可预见性及人身安全等的要求，其主要目的是降低生活中的不确定性。

（三）归属与爱的需要

随着生理需要和安全需要的实质性满足，个人便将开始以归属与爱的需要作为其主要内驱力。人需要爱与被爱，需要与人交往和发展亲密的关系，需要有归属感，即要求归属于一个集团或群体的感情。如果这一层的需要没有满足，人就感到孤独和空虚。

（四）尊重需要

这种需要既包括社会对自己能力、成就等的承认，又包括自己对自己的尊重。前者导致威望、地位和被接受感，后者导致自足、自尊和自信感。这一类需要缺乏满足，就会使人产生失落感、软弱感和自卑感。

(五) 自我实现的需要

自我实现是指人的潜力、才能和天赋的持续实现，人的终生使命的达到与完成，人对自身的内在本性更充分的认识与承认。马斯洛指出，音乐家必须作曲，画家必须绘画，诗人必须写诗，这种需要我们可称为自我实现的需要。

马斯洛认为，他所列出的五类需要是从低级到高级逐渐上升的。需要的层次越高，它在人类的进化过程中出现得越晚，一些高层次的需要要到中年时才开始产生。虽然高层次需要不直接与生存问题相关，但比起低层需要来说，对高层次需要的满足是人更加渴望的，因为高层次需要的满足会导致更加深沉的幸福感，导致心灵的平静和更加丰富的内心生活。

马斯洛特别指出，当一层需要被满足之后，一个人便上升到另一层需要。但无论一个人在需要层次上已经上升到多高，如果一种较低层次的需要遭到较长时间的挫折，这个人都将退回到这一需要层次，并停留在这一层次，直到这层需要被满足为止。

从马斯洛这一理论本身和有关对它的批评之中都可以得到一定的启示，使人们对需要这一心理现象的本质和规律能够有更清楚和更深入的认识。

第一，人的需要有一个从低级向高级发展的过程。人从出生到成年，其需要基本上是按马斯洛提出的需要层次递进发展的。

第二，人在每一时期都有一定的需要占主导地位。但对成年人来说，在某一时期为何要有这种需要而不是那种需要，则是由其理想、信念和世界观所决定的，而非出于其需要本能。

第三，在一个成年人身上，各种需要往往是交混在一起的，很难用单一的需要来解释他的某种行为。比如一般人在选择职业时，既要考虑收入问题，又要考虑地位问题，还可能考虑前途问题，那么他最终选择的职业便往往是考虑到多种需要后平衡的结果。

第四，虽然人并非完全是在较低层次的需要获得满足之后才会出现较高层次的需要，但是低层次的需要未获满足，至少会干扰高层次需要的出现。人们很容易理解这样一个事实：当一个人进行某种创造性劳动，但处于寒冷和饥饿状态时，即使他用坚强的意志和崇高的理想控制自己工作，饥饿或寒冷还是会客观地引起他相应的生理反应，影响到他的情绪和思维，因而也客观地影响到他的工作，这是不以人的意志为转移的。

第五，较高层次的需要相较于较低层次的需要而言，对于人的生存来说不那么迫切，但它却是社会中的人在其人生中更为看重的。高层次需要的满足较之低层次需要的满足的确更能给人以深沉的快乐感。高层次的需要更能激发起人的进取心，那么相应地，追求高层次需要未获满足时人也会产生更强烈的挫折感和失落感。

三、需要与安全

需要和动机是人的一切行为的原动力，因此与人在生产和生活中的安全问题有着密切

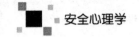

联系。

(一)安全需要是人的基本需要之一

安全需要是人的基本需要之一,并且是低层次的需要。保障人身安全是这一层次需要的重要内容。

在企业生产中,建立起严格的安全生产保障制度是极其重要的。如果没有保证生产安全的必要条件,那么这种客观的不安全会使人产生心理上的不安全感。如果某个工作场所曾经发生过事故,而企业领导又没有及时采取必要的安全防护措施,那么人们就会认为这个工作场所是个不安全之地,就会担心自己不知何时也会碰上厄运,从而影响正常的工作情绪和操作动作的协调,这就有可能导致事故。因此,从生产管理的角度来看,企业领导应时刻把职工的安全放在首位。尤其是对于生产设备的选用、安装、检测、维修,操作流程的制定与执行等关键环节,更需要加倍注意。

(二)低层次的需要与安全

在人的各类需要中,安全需要继生理需要之后处于第二个层次,但这并不意味如果生理需要未获得实质性的满足人就会不顾安全了。如果意识到生理需要的满足还有某些欠缺,依然会对关联着其他层次的需要活动有所干扰。尤其是在现实社会中,人们对住房、工资收入这样的与生理需要相关的问题总是进行横向比较。究竟住房、工资收入等要达到什么程度才能满足及满足到何种程度,只能是因人而异,很难有一个标准,这就使很多人容易因此产生压力感、挫折感、愤世嫉俗和心理不平衡。这样的心理状态,如果带入工作中,显然对安全生产是十分不利的。

(三)高层次的需要与安全

高层次需要的满足更能激发起人的进取心,更能使人自豪和快乐。那么相反,高层次需要未得到满足较之低层次需要的未满足也就给人以更严重的打击。在晋职、评奖、分配这些关系着人的名誉、地位、自尊、自我实现的需要等方面没有实现目标,有一些人,特别是那些工作能力较强、较有抱负的职工就容易因此受到挫折,产生强烈的不满情绪。如果把这种情绪带入工作,对于保证生产安全也将是十分不利的。

四、动机及其特征

(一)动机的内涵

动机是一个发动和维持活动的个性倾向性。通常说"行为之后必有原因",这个"原因"指的就是个人的行为动机。

根据动机对行为作用的大小和地位,可以将动机分为主导动机和非主导动机。主导动机是个体最重要、最强烈、对行为影响最大的动机。非主导动机是强度相对较弱、处于相对次要地位的动机。在动机系统中,主导动机可以抑制那些与其目标不一致的动机,对个体的行为起决定性作用;非主导动机则起辅助作用。根据引起动机的原因,可以将动机分为内部动机和外部动机。内部动机是由内部因素引起的动机,外部动机则是由外界的刺激作用而引起的。相对而言,内部动机比较稳定,会随着目标的实现而增强;而外部动机则是不稳定的,往往会因目标的实现而减弱。

动机是在需要的基础上产生的,是需要的表现形式。如果说,人的各种需要是人体行为积极性的源泉和实质,那么人的各种动机就是这种源泉和实质的具体表现。虽然动机是在需要的基础上产生的,是由需要推动的,但需要在强度上必须达到一定水平,并指引行为朝向一定的方向,才有可能成为动机。

产生动机的另一种因素是刺激,只有当刺激和个体需要相联系时,刺激才能引起活动,从而形成活动的动机。需要和刺激是动机产生的两个必要条件。例如,有个需要上大学的学生,只有在大学招生的条件下,才会有报名考试的动机。

动机的产生过程可以用图3-1表示。

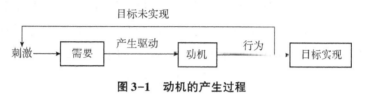

图3-1 动机的产生过程

(二)动机的功能

从动机与活动的关系来说,动机具有下列功能。

1. 引发功能

人们各种各样的活动总是由一定动机引起的,有动机才能唤起活动,它对活动起着启动作用,动机是引发活动的初始动力。

2. 指引功能

动机使行动具有一定的方向,它像指南针和方向盘一样,指引着行动的方向,使行动朝预定的目标进行。

3. 激励功能

动机对行动起着维持和加强作用,强化活动达到目的。动机的性质和强度不同,对行动的激励作用也不同。一般地说,高尚的动机比低级的动机具有更大的激励作用;动机强比动机弱具有更多的激励作用。

由此可见,人类的动机是个体活动的动力和方向,它好像汽车的发动机和方向盘,既给人的活动以动力,又对活动进行的方向进行控制。

(三)影响动机的因素

对个人动机的模式具有决定性影响作用的因素有以下三种。

1. 嗜好与兴趣

如果同时有好几种不同的目标，同样可以满足个人的某种需求，则个人在生活过程中养成的嗜好就会影响他选择相对应的那个目标。例如，有人爱吃面条，有人爱吃米饭（同样为解决饥饿）；有人喜欢喝茶，有人喜欢喝咖啡。

2. 价值观

价值观的最终点便是理想。价值观与兴趣有关，但它强调生活的方式与生活的目标，牵涉到更广泛、更长期的行为。有人认为"人生以服务为目的"，有人以追求真理为目标，有人则重视物质享受。

3. 抱负水准

所谓抱负水准，是指一种想将自己的工作做到某种质量标准的心理需求。一个人的嗜好与价值观决定其行为的方向，而抱负水准则决定其行为达到什么程度。个人在从事某一实际工作之前，自己内心预先估计能达到的成就目标，然后驱使全力向此目标努力。假如工作结果的质与量都达到或超过了自己的标准，便会有一个"有所成就"的感觉（成功感），否则就有失败感、挫折感。个人抱负水准的高低受三个因素的影响。

(1) 个人的成就动机——遇事想做、想做好、想胜过他人。

(2) 过去的成败经验——与个人的能力及判断力有关，过去从事某事经常成功，自然就提高抱负水准；反之则降低。

(3) 第三者的影响——如父母、教师、朋友、领导的希望、期待或整个社会气氛都指向较高目标，则个人的抱负水准自然也会随之提高。

五、动机与安全

美国心理学家耶克斯（Yerks）和多德森（Dodson）认为，总体而言，动机越强，效果越好。对具体活动来说，动机强度与工作效率之间是一种倒 U 形曲线关系，如图 3-2 所示。中等强度的动机最有利于任务的完成，各种活动都存在一个最佳的动机水平，它随任务性质的不同而变化。较容易的任务中，效率随动机的提高而上升；随着任务难度的增加，动机的最佳水平有逐渐下降的趋势。这就是著名的耶克斯-多德森定律。

人的各种行为都是由其动机直接引发的。为了克服生产中的不安全行为，人们应自觉地把安全问题放在首位，确保安全生产，避免因发生事故而给个人或人民的生命财产带来损害。但在生产实际中，也有少数人出于个人私利或侥幸心理违章操作，这种错误的动机往往可能导致严重的后果，是安全生产的大敌。建立安全生产的良好动机是十分必要的，但同时也要注意，如果动机过于强烈，反而会造成心理过分紧张甚至恐惧，操作时容易混乱、动作不协调，更易导致事故发生。

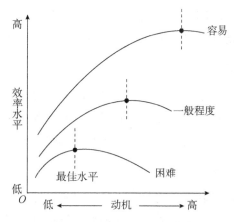

图 3-2 耶克斯-多德森定律示意

第三节 兴趣与安全

一、兴趣的内涵及种类

(一)兴趣的内涵

兴趣是个体积极探究某种事物的认识倾向。

兴趣是在需要的基础上发生和发展的,需要的对象也就是兴趣的对象。人们正是由于对某些事物产生了需要,才会对这些事物发生兴趣。在低级的需要基础上所产生的兴趣是比较短暂的,只有建立在精神文化需要基础上的兴趣才能保持长久稳定。许多心理学家指出了需要和兴趣的密切关系。例如,瑞士心理学家皮亚杰(Jean Piaget)指出:兴趣实际上就是需要的延伸,它表现出对象与需要之间的关系,因为我们之所以对于一个对象发生兴趣,是由于它能满足我们的需要。

人的兴趣不仅是在活动中发生和发展起来的,还是认识和从事活动的巨大动力。它是推动人们去寻求知识和从事活动的心理因素。兴趣发展成爱好后,就成为人们从事活动的强大动力。符合自己兴趣的活动,人们会容易提高积极性,并且会积极愉快地去从事这种活动。兴趣对活动的作用一般有三种情况:对未来活动的准备作用;对正在进行活动的推动作用;对活动的创造性态度的促进作用。

(二)兴趣的种类

人类的兴趣是多种多样的,可以用不同的标准进行分类。

1. 物质兴趣和精神兴趣

根据兴趣的内容,可以把兴趣划分为物质兴趣和精神兴趣。物质兴趣是以人的物质需

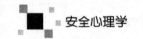

要为基础，表现为对物质生活用品(如衣服、食物、房子等)的兴趣。精神兴趣是以人的精神需要为基础，表现为对精神生活的兴趣，如看电影、听音乐等。

2. 直接兴趣和间接兴趣

根据兴趣的倾向性，可以把兴趣划分为直接兴趣和间接兴趣。直接兴趣是由事物或活动本身引起的兴趣。例如，对学习过程本身的兴趣，对劳动过程本身的兴趣。间接兴趣是指对活动结果的兴趣。例如，对通过学习取得成绩的兴趣，对工作后获取报酬的兴趣。

3. 短暂的兴趣和稳定的兴趣

根据兴趣时间的长短，可以把兴趣分为短暂的兴趣和稳定的兴趣。短暂的兴趣是和某种活动紧密联系的兴趣，它产生于活动中，并随着某种活动的结束而消失。稳定的兴趣具有稳固性，不会因活动的结束而消失。

二、兴趣的特征

人们的兴趣有很大的差异，这种差异可以从以下几个方面来加以分析。

1. 兴趣的倾向性

兴趣的倾向性，是指人对什么事物感兴趣。兴趣总是指向于一定的对象和现象。人们的各种兴趣指向什么，往往是各不相同的。有人对数学感兴趣，有人对哲学感兴趣。兴趣指向的不同，主要是由于生活实践不同造成的，受社会历史条件的制约。我们也可以根据社会伦理的观点把兴趣分为两类：高尚的兴趣和低级的兴趣。前者同个人身心健康和社会进步相联系，后者使人腐化堕落、有碍社会进步。

2. 兴趣的广度

兴趣的广度，是指兴趣的数量范围。有人兴趣广泛，有人兴趣狭窄。兴趣广泛者往往生气勃勃，广泛涉猎知识，视野开阔。兴趣贫乏者接受知识有限，生活易单调、平淡。人应该培养广泛的兴趣，但也必须有中心兴趣，否则博而不专，结果只能是庸庸碌碌，一无所长。中心兴趣对于人们能否在事业上做出成绩起着重要作用。

3. 兴趣的持久性

兴趣的持久性，是指对事物感兴趣持续时间的长短。人对事物的兴趣，既可能经久不变，也可能变幻无常。人在兴趣的持久性方面会有很大差异。有的人缺乏稳定的兴趣，容易见异思迁，喜新厌旧；有的人对事物有稳定的兴趣，凡事力求深入。稳定而持久的兴趣使人们在工作和学习过程中表现出耐力和恒心，对于人们的学习和工作有重要意义。

4. 兴趣的效能

兴趣的效能，是指兴趣在推动认识深化过程中所起的作用。有人的兴趣只停留在消极的感知水平上，喜欢听听音乐、看看绘画便感到满足，没有进一步表现出认识的积极性；有人的兴趣是积极主动的，表现出力求认识和掌握感兴趣的事物。因此，后者的兴趣效能就高于前者。

三、兴趣的发展

兴趣的发展一般会经历有趣、乐趣、志趣的过程。

1. 有趣

有趣是兴趣发展的第一阶段和最初水平。幼儿经常对任何事物都感兴趣，青少年和成年人常常为事物的新异性所吸引而产生直接兴趣。这种兴趣具有表向性、情境性和弥散性，并且表现出变化性和不稳定性。

2. 乐趣

乐趣是兴趣发展的第二阶段和中等水平。它是在有趣的基础上发展起来的。当有趣逐渐趋向专一和集中，并对某一客体产生特殊的爱好时，就成为乐趣。例如，某中学生对书法感到乐趣，便积极练习书法。乐趣具有专一性和自发性。

3. 志趣

志趣是兴趣发展的第三阶段和高级水平。它是在乐趣的基础上发展起来的，并且与个人的崇高理想和远大目标相联系。志趣带有自觉性、方向性和坚持性，并且具有社会价值。科学家、艺术家和社会活动家所取得的成就是与他们的志趣分不开的。

人与人之间在兴趣发展的过程中存在很大的差异。有的人可以较快地从有趣经过乐趣，发展为志趣；有的人却长期停留在有趣或乐趣阶段，达不到志趣阶段。

四、兴趣与其他心理现象的关系

首先，兴趣和需要有密切联系，兴趣的发生以一定需要为基础。人的兴趣是在需要的基础上，在生活、生产实践中形成和发展起来的。同时，已经形成的深刻而稳定的兴趣，不仅反映着已有的需要，还可滋生出新的需要。

在现实生活中，人们并不是对每种事物都可能感兴趣。如果没有一定的需要作为基础和动力，人们常常对某些事物漠不关心。相反，如果人们有某种需要，则会对相关信息和活动反应积极，久而久之，可以发生兴趣。如有的人对外语毫无兴趣，可是为了出国学习而努力学习外语，从而可能逐渐培养起对外语的兴趣。

其次，兴趣和认知、情绪、意志有着密切的联系。人对某事物感兴趣，必然会对相关的信息特别敏感。兴趣可使人感知更加灵敏清晰，记忆更鲜明，思维更加敏捷，想象更加丰富，注意更加集中和持久。兴趣还可以使人产生愉快的情绪体验，使人容易对事物产生热情和责任感。稳定的兴趣还可以帮助人们增强意志力，克服工作中的困难，顺利完成工作任务。

最后，兴趣和能力也有密切联系。能力往往是在人对一定的对象和现象有浓厚的兴趣之后形成和发展起来的。同时，能力也影响着兴趣的进一步发展。

五、兴趣与安全

（一）兴趣在安全生产中作用

在生产操作过程中，一个人对所从事的工作是否感兴趣，与他在生产中的安全问题密切相关。

人若对所从事的工作感兴趣，首先会表现在对兴趣对象和现象的积极认知上。对兴趣对象和现象的积极认知，会促使人对所使用的机器设备的性能、结构、原理、操作规程等进行全面细致的了解和熟悉，以及对与其操作相关的整个工艺流程的其他部分有进一步的了解。在操作过程中，他会密切关注机器设备等是否处于正常状态。这样，如果机器设备、工艺流程或周围环境出现异常情况，他会及时察觉，及时做出正确判断，并迅速采取适当行动，因而往往能把一些事故消灭于萌芽状态。

对所从事的工作感兴趣，还表现在对兴趣对象和现象的喜好上。对于本职工作的喜好，可以使人在平淡、枯燥中感受到乐趣，因而在工作时容易情绪积极，心情愉快。良好的情绪状态有助于保持精力旺盛，减少疲劳，以及操作准确和及时察觉生产中的异常情况。

在劳动场所中还可以发现，热爱工作的人，其操作台往往整齐干净，工具放置井然有序，自然工作起来就心情舒畅。而对工作兴味索然的人，操作台前则往往乱七八糟，有时候连急需的工具都找不到。这种"乱"的景况还往往容易破坏人的心境，以及把操作动作搞乱，在这样的情况下，很容易出事故。

对所从事的工作感兴趣，也表现在对兴趣对象和现象的积极求知和积极探究上。"兴趣是最好的老师"。兴趣可促使人积极获取所需要的知识和技能，达到对本职工作的知识技能的熟练，从而不断提高工作能力。这样，不但可提高工作效率，而且有助于对操作过程中出现的各种异常情况采取相应措施，防止事故的发生。

这里所说的兴趣，指的是稳定持久的兴趣、有效能的兴趣，而且最好还是直接兴趣。

那种因一时新奇而产生的短暂而不稳定的兴趣，不仅对生产安全无益，而且往往还有害。因为新奇感过后，人更容易产生厌倦。同时，因对这项工作产生厌倦，他可能会把兴趣转移到别的地方去，见异思迁，这对于搞好本职工作往往会产生消极影响。

那种仅满足于对感兴趣的客体的感知，浅尝辄止，不求甚解的兴趣，也无益于做好工作。有时候，这种兴趣还可能混淆生产管理员的视线。因为别人以为他对工作感兴趣，事实上他的这种兴趣对于搞好生产是没有实际作用的。当然，这种兴趣也经不起实践的检验。

直接兴趣，是对工作本身感兴趣。如果一个人是出于功利目的而希望干某种工作，他的工作动机不正确，就不能保证他在工作中的心理状态一定有益于安全生产。例如，有位汽车驾驶员，只是觉得当司机挣钱多、门路广，才从事这项工作。在这种功利思想的支配下，他没有认真钻研驾驶技术，也没有认真贯彻行车安全的有关规定，经常不顾疲劳，多要任务。有一次，他在夜间行车时因劳累过度操纵失常，撞倒了行人，造成人员死亡事故，他本人也因此受到了法律制裁。

(二) 兴趣的培养与安全

生产实际中，工矿企业一般的生产性劳动都是比较平淡和枯燥的，若以功利标准来衡量，其职业经济收入少，也不容易出名。在一般情况下，许多人都很难自觉地对这样的工作产生兴趣。然而，对本职工作是否感兴趣又密切关系着生产中的安全问题，这就需要加强兴趣培养的工作。

培养对本职工作的兴趣，首先要端正劳动态度。只要有理想，有抱负，肯付出辛勤劳动，从事平凡的职业一样可以做出好的成绩。反之，即使谋取到了热门抢眼的工作，也会庸庸碌碌，一事无成。我国近年来所评选出的"全国十大杰出青年"当中，既有为国家争光，作出突出贡献的优秀运动员和青年科学家，也有普通工人。这些普通人在平凡的岗位上取得了不平凡的业绩，他们应该成为人们学习的楷模。

培养普通劳动者的职业兴趣除采取一定的思想教育手段外，更主要的是要搞好企业的经营管理，提高企业效益。让职工更多地得益于自己的工作，促使他们保持高度的劳动积极性，产生对本职工作的兴趣。

第四节 性格与安全

一、性格概述

性格是一个人对现实的稳定态度和习惯化的行为方式。性格贯穿在一个人的全部活动中，是构成个性的核心部分。人对现实的稳定态度和行为方式，受到道德品质和世界观的影响。因此，人的性格有优劣好坏之分。

还应当注意的是，并不是人对现实的任何一种态度都代表他的性格。在有些情况下，对待事物的态度是属于一时情境性的、偶然的，此时表现出来的态度就不能算是他的性格特征。

二、性格的特征

性格是一种十分复杂的心理构成物，它有着各个侧面，并形成性格特征系统。性格特征主要表现在下列四个方面。

1. 性格的态度特征

人对现实的态度主要是指对社会、对集体、对他人、对劳动以及对自己的态度。对社会、集体、他人的态度的性格特征有爱集体、富有同情心、善交际或孤僻、拘谨甚至粗暴等；对劳动的性格特征有勤劳或懒惰、革新创造或墨守成规、俭朴或浮华等；对自己的性格特征有自信或自卑、大方或羞怯等。这类特征多数属于道德品质。

2. 性格的意志特征

一个人的行为方式往往反映了性格的意志特征。属于这类好特征的有自觉性、自制性、坚定性、果断性、纪律性、严谨、勇敢；属于这类坏特征的有盲目性、依赖性、脆弱性、优柔寡断、冲动、草率、怯懦等。

3. 性格的情绪特征

性格的情绪特征是指情绪影响人的活动或受人控制时经常表现出来的稳定特点，主要表现在情绪反应的强弱和快慢、起伏的程度、保持时间的长短、主导心境的性质等方面，如暴躁、温和、乐观、悲观、热情、冷漠等。

4. 性格的理智特征

人的感知、记忆、想象、思维等认知过程方面的个别差异，即认知的态度和活动方式上的差异，称为性格的理智特征。例如，在感知方面有主动观察型和被动感知型、详细分析型和概括型、快速型和精确型的差别。

三、性格的结构

性格不是多种性格特征的简单堆积，而是性格的多种特征以独特的方式组成的一个完整结构。性格的结构具有以下四个特点。

1. 性格结构的完整性

一个人的各种各样的性格特征并非彼此孤立地存在，而是相互联系、相互依存地成为一个系统。比如在反映对劳动、工作态度的性格特征方面表现出认真负责、踏实勤奋的人，往往在性格的意志特征方面表现出有较好的坚持性和自制力，在性格的理智特征方面表现出谦逊的品质，在性格的情绪特征方面表现出遇事沉稳冷静。由于性格特征之间存在着相互联系，因此只要了解一个人的某一种或某几种性格特征，就可能推测出他的其他特征。

2. 性格结构的复杂性

性格虽然是完整的系统，但是它的完善性与统一性不是绝对的。由于人的活动的多样性与多变性，性格也表现出复杂性。有的人性格较完整、完善，在各种场合的表现都一致；有的人性格就不太完整、完善，在不同场合表现出不同的性格特征。例如，有的学生在校努力学习，热心社会工作，举止端庄，可是在家里态度骄横，不愿参加家庭劳动。有的人性格的某些特征在不同场合的表现也有程度之分。例如，一个懒散的学生的弱点在娇惯他的父母面前表现得较多，在老师面前则可能表现得较少。因此，只有在各种环境下多方面地考察性格，才能洞察一个人的性格全貌。

3. 性格结构的稳定性与可塑性

由于性格是在不断地受社会生活条件的影响、教育的影响和自身实践的锻炼下，长期塑造而成的，所以性格一经形成就比较稳定。但是，客观事物是极其复杂、不断发展变化的，人们之间的接触与交际也是纷繁复杂的，这种现实影响的多样性和多变性，又决定了人的性格不是一成不变的。因此，性格既是稳定的，又是可变的。正是因为人的性格具有一定的稳定性，人们才能识别一个人的性格，并根据他的性格特征预测他在一定情境中可能出现的行为。又由于性格具有可塑性，人们才有可能培养性格和改造性格。

4. 性格结构的典型性与个别性

性格的典型性是指某一集团人们共有的本质特征。人作为一定社会集团的成员，与该集团其他成员具有大致相同的经济、政治和文化的条件，在其身上也形成该集团成员共有的、典型的性格特征。另一方面，作为一定社会集团成员的个人的具体生活条件、所受的教育以及所从事的活动，又是千差万别的。这一切反映到人的性格上，就形成了性格的个别性。可见，每个人的性格都是典型性与个别性的统一。

四、性格的类型

性格的类型是指一类人身上所共有的性格特征的独特结合。许多心理学家力图将性格加以分类，找出性格的类型，但由于性格本身的复杂性，至今还没有一个公认的分类法，现将一些常见的分类方法列举如下。

一种分类方法是按理智、意志和情绪哪种在性格结构中占优势来划分性格类型。理智型人用理智衡量一切和支配行动；意志型人行动目标明确、积极主动；情绪型人情绪体验深刻、举止受情绪左右。除这三种类型外，还存在着混合型，如理智意志型等。

最普遍采用的分类方法是按个体心理活动倾向于外部还是倾向于内部来确定性格类型。外倾型人注意和兴趣倾向于外部世界，开朗、活泼、善于交际；内倾型人注意和兴趣集中于内心世界，孤僻、富有想象。但多数人属于中间型。

还有一种分类方法是按个体独立性的程度把性格分为顺从型和独立型。顺从型人独立性差而易受暗示，不加批判地接受别人的意见并照办，也不善于适应紧急情况；独立型人独立性强并有坚定的个人信念，喜欢把自己的意志强加于人，在紧急情况下不惊慌失措，能独立发挥自己的力量。

五、性格的测定

性格这种心理现象是通过人的言语、行为和外在风貌表现出来的。性格的外部表现为研究性格提供了依据。通过对一个人外部表现的研究，可以判断他的性格。

心理学家已经发明出许多办法来进行性格测定，常用的有以下几种。

1. 投射法

这是一种利用某些图画材料提出问题，让受试者在回答问题时，自然地流露出自己的心理特点。

2. 观察法

这是一种通过观察和分析一个人的日常言行、外表来判断其性格特征的办法。可以是长期有计划的观察，也可以是短期有计划的观察。

3. 自然实验法

这种方法是让受试者在正常从事某项活动时完成一些实验性试题，以反映出他的性格。

4. 谈话法

这是一种试图在与受试者进行各种谈话时对受试者进行观察和分析，确定受试者性格的方法。

5. 作品分析法

这是通过对受试者的日记、信件、命题作文及其他劳动产品的分析而进行的方法。

性格是十分复杂的心理现象，如果仅采用单一的方法，鉴定的结果往往有很大的局限性。只有将多种方法综合运用，才可能对一个人的性格做出合乎实际的判断。

六、性格与安全

（一）易引发事故的性格类型

在企业里，可以看到一些对待工作马马虎虎、干活懒散的人，在工作中往往是有章不循、野蛮操作。一些研究表明，事故的发生率和职工的性格有着非常密切的关系，无论技术多么好的操作人员，如果没有良好的性格特征，也常常会发生事故。具有以下性格特征者，一般容易发生事故。

（1）攻击型性格。具有这类性格的人，常常妄自尊大，骄傲自满，在工作中喜欢冒险，喜欢挑衅，喜欢与同事闹无原则的纠纷，争强好胜，不接纳别人的意见。这类人虽然一般技术都比较好，但也很容易出大事故。

（2）孤僻型性格。这种人性情孤僻、固执、心胸狭窄、对人冷漠，其性格多属内向，与同事关系不好。

（3）冲动型性格。这类人性情不稳定，易冲动，情绪起伏波动很大，情绪长时间不易平静，因而在工作中易忽视安全工作。

（4）抑郁型性格。这类人心境抑郁，由于长期闷闷不乐，精神不振，导致干什么事情都提不起兴趣，因此很容易出事故。

（5）马虎型性格。这种人对待工作马虎、敷衍、粗心，常引发各种事故。

(6)轻率型性格。这种人在紧急或困难条件下表现出惊慌失措、优柔寡断或轻率决定、鲁莽行事，在发生异常事件时，常不知所措或鲁莽行事，使一些本来可以避免的事故成为现实。

(7)迟钝型性格。这种性格的人感知、思维或运动迟钝，不爱活动，懒惰，由于在工作中反应迟钝、无所用心，亦常会导致事故发生。

(8)胆怯型性格。这种性格的人懦弱、胆怯、没有主见，由于遇事爱退缩，不敢坚持原则，人云亦云，不辨是非，不负责任，因此在某些特定情况下，也很容易发生事故。

上述不良性格特征对操作人员的作业动作会产生消极的影响，对安全生产极为不利。但由于工种的不同以及作业条件的差异，发生事故的可能性也有很大差异。不过，从安全管理的角度考虑，平时应对具有上述性格特征的人加强安全教育和安全生产的检查督促。同时，尽可能安排他们在发生事故可能性较小的岗位上工作。而对某些特种作业或较易发生事故的工种，在招收新工人时，必须考虑与职业有关的良好的性格特征。

(二)性格的可塑性与安全

人的性格可以因经历、环境、教育等因素而改变。在经历、环境、教育因素的影响下，人可以不断地改善不良性格，培养优良的性格特征。经历，尤其是给人以强烈刺激的经历，对性格的改变可以产生相当大的作用。例如，重庆某化工厂里，制酸工人唐某，以敢冒险、胆大而闻名全厂。在工作时，他经常不遵守操作规程，打赤膊抱盛酸的玻璃瓶，同组的工人都不敢与他合伙干活。有一次，他在"大胆"操作时被硝酸严重烧伤双脚，经半年的治疗才基本康复。经过这次事故，唐某总结了经验教训，在工作中严格遵守操作规定，前后判若两人，这就是性格上发生了变化。

当然，在生产活动中，并不是每个人都得亲身经历一场事故之后才去注意改变不良性格，而应该把别人的事故当作一面镜子，检讨自己在性格等方面是否与肇事者有相似的不良品质，引以为戒，克服缺点。

在良好性格的形成过程中，教育和实践具有重要的意义。一个人的性格具有相对稳定性，不是一朝一夕就能改变的。为了取得安全教育的良好效果，对性格不同的职工在进行安全教育时应该采取不同的教育方法：对性格开朗、有点自以为是，又希望别人尊重他的职工，可以当面进行批评教育，甚至争论，但一定要坚持说理，就事论事，平等待人；对性格较固执，又不爱多说话的职工，适合多用事实、榜样教育或后果教育方法，让他自己进行反思和从中接受教训；对于自尊心强，又缺乏勇气性格的职工，适合先冷处理，后单独做工作；对于自卑、自暴自弃性格的职工，要多用暗示、表扬的方法，使其看到自己的优点和能力，增强勇气和信心，切不可过多苛责。

(三)性格与安全管理

企业生产的安全管理是保证安全生产的关键环节。安全管理需要考虑工人性格的因素。在一些危险性较大或负有重大责任的工作岗位，应对上岗人员进行性格上的认真了解。对具有明显不良性格特征的人应坚决调离。对于留下来的人员，也应该常与他们接触，了解他们的思想状况和性格变化。

应该特别注意的是：大胆与轻率、果断与武断、谨慎与胆小属同一倾向的性格特征，不像勇敢与胆怯、慎重与鲁莽这类对立倾向的性格特征那样界限分明而容易区分，有时会侧重其倾向性而忽略其优劣的界限以及潜在的发展趋势。企业生产管理，特别是安全管理，要重视对这类同向性格特征的区分，避免因辨识失误导致严重的后果。

第五节　气质与安全

一、气质概述

气质是指人的心理活动的动力特征，主要表现在心理过程的强度、速度、稳定性、灵活性及指向性上。人们情绪体验的强弱，意志努力的大小，知觉或思维的快慢，注意集中时间的长短，注意转移的难易，以及心理活动是倾向于外部事物还是倾向于自身内部等，都是气质的表现。一般人所说的"脾气"就是气质的通俗说法。

气质是人格形成的基础，是人格发展的自然基础和内在原因。人格是构成一个人的思想、情感及行为的特有统一模式，这个独特模式包含了一个人区别于他人的稳定而统一的心理品质。

古希腊的希波克拉底(Hippocrates)把人分为四种类型，即多血质、黄胆汁质、黑胆汁质和黏液质。他认为多血质人爽朗，黄胆汁质人性急，黑胆汁质人抑郁，黏液质人迟缓。古罗马医生盖伦(Galen)在希波克拉底类型划分的基础上，提出了"人的气质类型"这一概念，把人的气质归纳为四种类型，即：多血质、胆汁质、抑郁质和黏液质。他认为，多血质人开朗活泼、灵活轻率；胆汁质人性急冒险、冲动机敏；抑郁质人抑郁悲观、沉思坚韧；黏液质人安静平和、谨慎敏感。

二、气质的生理机制

巴甫洛夫(Ivan Pavlov)在研究高等动物的条件反射时，确定了大脑皮层神经过程（兴奋和抑制）具有三个基本特性：强度、灵活性和平衡性。神经过程的强度指神经细胞和整个神经系统的工作能力和界限；神经过程的灵活性指兴奋过程和抑制过程更替的速率；神经过程的平衡性指兴奋过程和抑制过程之间的相对关系。这三种特性的不同结合构成高级神经活动的不同类型，最常见的有四种基本类型：强、平衡、灵活型（活泼型），强、平衡、不灵活型（安静型），强、不平衡型（不可遏止型），弱型。巴甫洛夫认为上述四种神经系统的显著类型恰恰与古希腊学者提出的四种气质类型相对应。因此，高级神经活动类型是气质类型的生理基础，二者的对照见表3-1。

表 3-1　高级神经活动类型与气质类型对照

高级神经活动类型			气质类型
强	不平衡	（不可遏制型）	胆汁质
强	平衡	灵活（活泼型）	多血质
强	平衡	不灵活（安静型）	黏液质
弱	（弱型）		抑郁质

巴甫洛夫关于神经系统基本特性和基本类型的学说，仅仅为气质的生理机制勾画出了一个轮廓，他的研究不断地被后来的研究者证实。一批俄国心理学工作者，在巴甫洛夫关于动物神经类型研究的基础上，用条件反射测定法进一步研究了人的高级神经活动类型特点及其气质的关系。

三、气质与人格理论

(一)霍兰德职业人格理论

美国心理学家和职业指导专家霍兰德(John Holland)经过十几年的研究，提出了职业人格理论。他认为人的性格大致可以划分为六种类型，这六种类型分别与六类职业相对应，如果一个人具有某一种性格类型，便易于对这一类职业发生兴趣，从而也适合从事这种职业。个人职业选择分为六种，分别为现实型、研究型、艺术型、社会型、企业家型、传统型；工作性质也分为六种，分别为现实性的、调查研究性的、艺术性的、社会性的、开拓性的、常规性的。人格性向与职业类型的匹配见表3-2。

表 3-2　人格性向与职业类型的匹配

人格性向	人格特点	职业类型	主要职业
现实型	喜欢有规则的具体劳动和需要基本操作技能的工作，但缺乏社交能力，不适应社会性质的职业	各类工程技术工作、农业工作，通常需要一定体力，需要运用工具或操作机械	技能性职业（一般劳动、技工、修理工、农民等）和技术性职业（摄影师、制图员、机械装配工等）
研究型	具有聪明、理性、好奇、精确、批评等人格特征，喜欢智力的、抽象的、分析的、独立的定向任务这类研究性质的职业，但缺乏领导才能	科学研究和科学试验工作	科学研究人员、教师、工程师等
艺术型	具有想象、冲动、直觉、无秩序、情绪化、理想化、有创意、不重实际等人格特征，喜欢艺术性质的职业和环境，不善于事务工作	各种艺术创造工作	艺术方面的(演员、导演、雕塑家等)、音乐方面的(歌唱家、作曲家、乐队指挥等)与文学方面的(诗人、小说家、剧作家等)工作

续表

人格性向	人格特点	职业类型	主要职业
社会型	具有合作、友善、助人、负责、圆滑、善社交、善言谈、洞察力强等人格特征，喜欢社会交往、关心社会问题，有教导别人的能力	各种直接为他人服务的工作，如医疗服务、教育服务、生活服务等	教育工作者（教师、教育行政人员）与社会工作者（咨询人员、公关人员等）
企业家型	具有冒险、独断、乐观、自信、精力充沛、善社交等人格特征，喜欢从事领导及管理方面的职业	组织与影响他人共同完成组织目标的工作	政府官员、企业领导、销售人员等
传统型	具有顺从、谨慎、保守、实际、稳重、有效率等人格特征，喜欢有系统、有条理的工作任务	各类文件档案、图书资料、统计报表及相关的各类科室工作	秘书、办公室人员、记事员、会计、行政助理、图书管理员、出纳员、打字员等

霍兰德认为，每个人都是这六种类型的不同组合，只是占主导地位的类型不同。霍兰德还认为，每一种职业的工作环境也是由六种不同的工作条件所组成的，其中有一种占主导地位。一个人的职业是否成功、是否稳定、是否顺心如意，在很大程度上取决于其个性类型和工作条件之间的适应情况。霍兰德职业人格能力测验就是通过对被测试者在活动兴趣、职业爱好、职业特长以及职业能力等方面的测验，确定被测试者上述六种类型的组合情况，并根据其个性类型寻找其适合的职业。

（二）特质理论

卡特尔（Raymond Cattell）用因素分析的方法对人格特质进行了分析，提出了一个基于人特质的理论模型。卡特尔认为，在构成人格的特质中，有些是人皆有之的共同特质，有些是人独有的个别特质；有的是遗传决定的，有的则受环境的影响。卡特尔还把人格特质分为表面特质和根源特质。表面特质是通过外部行为表现出来，能够观察得到的特质；根源特质是指那些对人的行为具有决定作用的特质。表面特质是从根源特质中派生出来的，一个根源特质可以影响多种表面特质，所以根源特质使人的行为看似不同，却具有共同的原因，如图3-3所示。经过多年研究，卡特尔找出了16种相互独立的根源特质，并据此编制了"16种人格因素调查表（Sixteen Personality Factor Questionnaire，16PF）"。这16种人格特质是：乐群性、聪慧性、情绪稳定性、恃强性、兴奋性、有恒性、敢为性、敏感性、怀疑性、幻想性、世故性、忧虑性、激进性、独立性、自律性、紧张性。卡特尔认为每个人身上都有这16种人格特质，只是表现的程度上有差异。用这个调查表所确定的人格特质，可以预测一个人的行为反应。

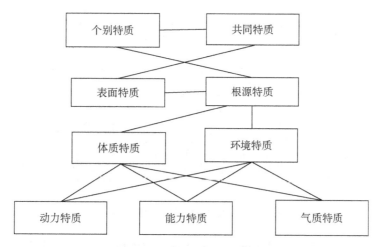

图 3-3 卡特尔特质结构网络

塔佩斯（Tupes）等运用词汇学方法，对卡特尔提出的特质进行了再分析，发现了五个相对稳定的因素。以后，许多学者进一步证实了"五种特质"模型的合理性，形成了著名的五大因素模型。这五个因素分别如下。

(1) 开放性（Openness）：具有想象、审美、情感丰富、求异、创造、智能等性质。

(2) 责任心（Conscientiousness）：显示了胜任、公正、条理、尽职、成就、自律、谨慎、克制等性质。

(3) 外倾性（Extraversion）：表现出热情、社交、果断、活跃、冒险、乐观等性质。

(4) 宜人性（Agreeableness）：具有信任、利他、直率、依从、谦虚、移情等特质。

(5) 神经质（Neuroticism）：具有焦虑、敌对、压抑、自我意识、冲动、脆弱等特质。

这五个特质的起始字母构成了"OCEAN"一词，代表了人格的海洋。目前，已经出现了五大人格因素的测定量表。

现代特质理论有广泛的应用价值。人们发现，外倾性、神经质和宜人性与心理健康有关；外倾性和开放性是职业心理的重要因素；责任心则与人事选拔有密切关系。高开放性和高责任心的青少年具有优良的学习成绩，而低责任心与低宜人性的青少年有较多的违法行为。高外倾性、低宜人性、低责任心的青少年常与外界发生冲突，高神经质、低责任心的青少年则有更多的由内心冲突引起的问题。

(三) 艾森克的人格层次理论

艾森克（Hans Eysenck）提出了人格的四层次理论，如图 3-4 所示。在他的模型中，最下层是特殊反应水平，即日常观察到的反应，属误差因子；上一层是习惯反应水平，由反复进行的日常反应形成，属特殊因子；再上一层是特质水平，由习惯反应形成，属群因子；最上层是类型水平，由特质形成，属一般因子。

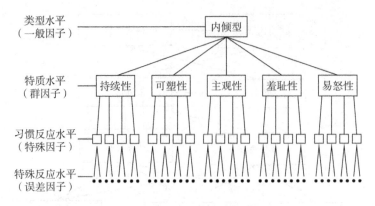

图3-4 艾森克的人格层次模型示意

艾森克还用两个维度来描述人格,一个是内向和外向,一个是神经质倾向(即情绪的稳定性),并用这两个维度构成人格维度图,如图3-5所示。在图中,横轴代表内倾与外倾,纵轴代表情绪稳定与不稳定。根据这两个维度,艾森克将人分成稳定的内倾型、稳定的外倾型、不稳定的内倾型和不稳定的外倾型四种,它们分别对应黏液质、多血质、抑郁质和胆汁质。

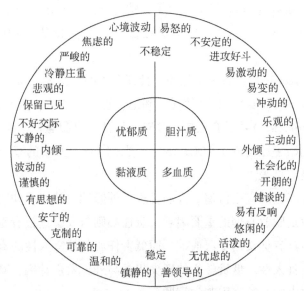

图3-5 艾森克的人格维度图

四、气质与安全生产

(一)气质在安全生产中的作用

人的气质特征越是在突发性的和危急的情况下越是能充分和清晰地表现出来,并本能地支配人的行动。因此,同其他心理特征相比,在处理事故这个环节上,人的气质起着相当重要的作用。事故出现后,为了能及时做出反应,迅速采取有效措施,有关人员应具有这样一些心理品质：能及时体察异常情况的出现；面对突发情况和危急情况能沉着冷静，控制力强；应变能力强，能独立决策并迅速采取行动等。这些心理品质大都属于人的气质特征。

交通心理学研究显示，人的心理状态对交通安全隐患的影响非常重要，不同气质类型的司机交通事故发生率不同，胆汁质的人被认为是"马路第一杀手"。一工程车司机做过性格测试，测定其为胆汁质性格的人。该司机一次开车去两小时车程以外的作业山区，出车前因为孩子的问题而发脾气，便挂高速挡开快车，途中与一辆农用四轮车相撞而发生事故。

在易发生交通事故的调查中，多血质的人排第二。多血质人的情绪比较容易受到压力的影响，不利于安全驾驶。此外，多血质的人比较粗心，时常疏忽对设备的定期检查，也给行车安全造成隐患。

抑郁质的人思想比较狭窄，不易受外界刺激的影响，做事刻板、不灵活，积极性低，在驾车中容易疲劳。北京曾有名女性公交司机，在奖金发放上遇到些问题，在开车途中因反复考虑这件事、疏忽交通安全而发生事故，死伤20多人。

黏液质的人被认为是交通事故发生概率最小的群体。但是他们自信心不足，在遇到突然抉择时容易犹豫不决。某司机在一次出车时，遇到一个突然冲出路旁的小孩，由于不能及时做出抉择，车子刮到了对方的身体，所幸车速缓慢，没有造成重伤。

可见，为了妥善处理事故，各种气质类型的人都需扬长避短，善于发挥自己的长处，并注意对自己的短处采取一些弥补措施。比如，抑郁质倾向明显的人显然不适于处理事故，那么在发现异常情况后，如自己没有把握处理好，应尽早求助于其他人员。

在预防事故发生方面，也应注意对气质特性的扬长避短。比如，具有较多胆汁质和多血质特征的人应注意克服自己工作时不耐心、情绪或兴趣容易变化等毛病，发扬自己热情高、精力旺盛、行动迅速、适应能力强等长处，对工作认真负责，避免操作失误，并及时察觉异常情况。黏液质的人应在保持自己严谨细致、坚韧不拔特点的同时，注意避免瞻前顾后、应变力差的问题。抑郁型的人应在保持自己细致敏锐的观察力的同时，防止神经过敏。

(二) 特殊职业对气质的要求

某些特殊职业，如大型动力系统的调度员、机动车及飞机驾驶员、矿井救护员等，具有一定的冒险性和危险性，工作过程中不确定和不可控的干扰因素多，从业人员负有重大责任，要经受高度的身心紧张。这类特殊的职业要求从业人员冷静、理智、胆大心细、应变力强、自控力强、精力充沛，对人的气质提出了特定要求。从事这类职业，保证安全是贯彻始终的工作原则和目的。因为这类职业关系着从业人员及更多人员的生命安全，关系着大量国家财产的安全。在这种情况下，气质特性影响着一个人是否适合从事该种职业。因此，在选择这类职业的工作人员时，必须测定他们的气质类型，把是否具有该种职业所要求的特定气质特征作为人员取舍的根据之一。

飞机驾驶员就是一种特殊职业，飞行员的培训和淘汰都是很严格的。有调查显示，战斗机飞行员中，多血质型占45.31%，胆汁质型占19.80%，胆汁质与多血质混合型占15.13%，多血质与黏液质混合型占5.81%，胆汁质、多血质、黏液质三种混合型占2.32%，这几种气质类型共占了88.37%，没发现一名抑郁质型飞行员。而地面参谋人员中，黏液质型占29.90%，抑郁质型占28.74%，黏液质与抑郁质混合型占23%，三项合计占81.64%。说明在这些参谋人员中，神经系统不灵活或弱型人员占主要成分。这表明，强型、平衡而灵活的神经类型是适应于空中飞行特点的，因此要求飞行员的气质特征更多地倾向于多血质，反之，具有较多的黏液质和抑郁质倾向的人不适合从事飞行工作。

第六节　能力与安全

一、能力概述

心理学上把顺利完成某种活动所必须具备的那些心理特征称为能力。能力反映着人活动的水平。

能力总是和人的活动联系在一起的，只有从活动中才能看出人所具有的各种能力。能力是保证活动取得成功的基本条件，但不是唯一的条件。活动的过程和结果往往还与人的其他个性特点以及知识、环境、物质条件等有关。但在其他条件相同的情况下，能力强的人比能力弱的人更易取得成功。

1. 能力和知识、技能的关系

能力与知识、技能既有区别又有联系。知识是人类社会实践经验的总结，是信息在人脑的储存；技能是人掌握的动作方式。能力与知识、技能的联系表现在：一方面，能力是在掌握知识、技能的过程中培养和发展起来的；另一方面，掌握知识、技能又是以一定的能力为前提的。能力制约着掌握知识、技能过程的难易、快慢、深浅和巩固程度。它们之间的区别在于，能力不表现在知识、技能本身，而表现在获得知识技能的动态过程中。

2. 能力与素质的关系

机体的某些天生的解剖特点，特别是神经系统、感觉器官和运动器官的生理特点，称为素质。素质是能力产生的自然前提。

能力是在素质的基础上产生的，但并不是人生来就具有的。素质本身并不包含能力，也不能决定一个人的能力，它仅提供人某种能力发展的可能性。如果不去从事相应的活动，那么具有再好的素质，能力也难发展起来。人的能力是在某种先天素质同客观世界的相互作用过程中形成和发展起来的,而素质制约着能力的发展。

3. 一般能力和特殊能力

人要顺利地进行某种活动,必须具有两种能力:一般能力和特殊能力。一般能力是在许多基本活动中都表现出来且各种活动都必须具备的能力。观察力、记忆力、想象力、操作能力、思维能力等,都属于一般能力,这几种能力的综合也称为智力。特殊能力是在某种专业活动中表现出来的能力,例如,绘画能力、交际能力等。

要顺利地进行某种活动,必须既具有一般能力,又具有与这项活动相关的特殊能力。特殊能力是建立在一般能力的基础上的,是一般能力的特别发展;特殊能力发展的同时也能带动一般能力的发展。

二、能力测量

能力测量是运用经过精心研究设计出的各种标准化量表对人的能力进行定量分析,并用数值表示其水平的一种方式。能力测量按照所测能力的类别,可分为一般能力测量、特殊能力测量和创造力的测量。

1. 一般能力测量

一般能力测量,也称智力测量。1905年,法国心理学家比纳(Atfred Binet)根据测量智力落后儿童的需要,与西蒙(Theodore Simon)制成了第一个测量智力的工具,即比纳-西蒙量表(Binet-Simon Scale)。这个量表发表后,引起了许多国家的重视,翻译成许多文字,在许多国家推广。美国斯坦福大学心理教授推孟(Lewis Terman)修订了比纳-西蒙量表,制成了斯坦福-比纳量表(Stanford-Binet Scale)。这个表又经过1957年、1960年、1972年的几次修改,成为最有影响的一个量表。为了便于不同儿童间的智力比较,德国心理学家施太伦(W. Stern)提出了"智力商数(简称智商,IQ)"的概念,即智力年龄除以实足年龄所得的商数。推孟在制定斯坦福-比纳量表中正式引用了智力商数并加以改进。推孟为去掉商数的小数,将商数乘以100,用IQ代表智商,称为比率智商,其公式为:

$$IQ = [MA(智力年龄)/CA(实足年龄)] \times 100$$

在斯坦福-比纳量表中,每个年龄都有六个条目,每个条目代表两个月的智龄。这样,根据儿童完成测验的条目就可以得出他们的智龄。如果一个5岁的儿童完成了5岁的全部项目,那么他的智力年龄与实足年龄都是5岁,其智商$IQ=(5/5)\times100=100$,这表明他的智力是中等的。

如果一个5岁的儿童完成了5岁的全部项目,还通过了6岁的全部项目,那么他的智力年龄为6岁,实足年龄为5岁,其智商为$IQ=(6/5)\times100=120$,这表明他的智力高于一般的儿童。同理,如果一个儿童的IQ低于100,则表明这个儿童的智力低于同年龄的一般水平。

用比率智商来比较人们之间的智力差异,会遇到一个无法解决的问题,即人的智力到了一定的年龄便不再增长了,而实际年龄却在不断地增长。于是,年龄越大,智商越小,这与实际情况是不相符的。为了解决这个问题，美国心理学家韦克斯勒(David Wechsler)根据智商正态分布的事实，提出了离差智商的概念。他认为，一个人智商的高低，实际上要看他在同龄分布中所占的位置，并且认为智商是以平均数字 100 和标准差 15 的正态形成分布的。于是他提出了如下公式：

$$IQ = 100 + 15 \times [(X - \bar{X})/SD]$$

其中，IQ 表示离差智商，X 为个人测验得分，$\bar{X}$ 为团体的平均分，SD 为标准差。

如果某年龄组的平均分数为 80 分，标准差为 10 分，甲生得了 90 分，其离差智商是 $IQ = 100 + 15 \times [(90 - 80)/10] = 115$；如果乙生得了 70 分，其离差智商是 $IQ = 100 + 15 \times [(70 - 80)/10] = 85$。

离差智商的特点是：一个人智力水平的高低不是与自己比，而是与自己的同龄人的总体平均智力相比较。其优越性在于免除了智力年龄的局限，不再受智力发展变异性问题的困扰，不管智力发展到什么年龄，同龄人总可以和同龄人的总体平均智力相比较。而且，如果个人的离差智商值有了变化，便可以断定该人的智力有了变化。由于它比较科学，所以国内外智力测验大多数使用离差智商。韦克斯勒制定的量表有三个：一是用来测量成人(16~75 岁)智力的；二是测量儿童(6~16 岁)智力的；三是测量幼儿(4~6.5 岁)智力的。量表使用的试题与斯坦福-比纳量表的性质相差不大，但试题并不按年龄的大小来区分，而是以这些试题所测的能力来划分。它具体分为言语和操作两个分量表，言语分量表又包括常识、理解、词汇、记忆广度、算术推理、言语识别等分测验；操作分量表包括拼图、填图、图片排列、搭积木、符号学习等分测验。每个测验均可单独记分，智力的各个侧面能够直接从测验中获得。

大规模的智力测验表明，人的智商基本上是呈正态分布的。即智力极低与极高的人都是极少数，绝大多数人属于中等。推孟曾用斯坦福-比纳量表对 2~18 岁的 2 904 人进行了测验，其结果见表 3-3。

表 3-3　智力分级表

智商/分	级别	占比/%
140 以上	非常优秀(天才)	1
120~139	优秀	10
110~119	中上	16
90~110	中等	46
80~89	中下	16
70~79	临界智力	8
70 以下	心智不足	3

如将表 3-3 的智商与百分比分别作为横坐标和纵坐标，可以画成一条曲线，这条曲线基本上呈正态分布，如图 3-6 所示。

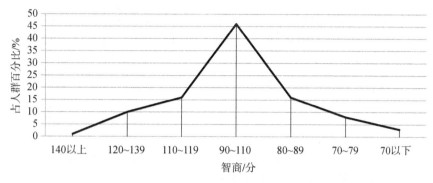

图3-6 智商分布的频率分布

2. 特殊能力测量

要测定从事某种专业活动的能力,需要对某种专业进行分析,找出它所需要的心理特征,然后根据这些心理特征列出测验项目,设计测验,以便进行特殊能力的测验。例如,音乐能力测验就是依据对音乐能力的分析编制的,分别测量辨别不同音强、音高的能力,测量时间、和谐、记忆、节律方面的能力。

特殊能力的测验具有较强的针对性,因而对职业定向指导、安置和选拔从业人员、发现和培养具有特殊能力的儿童有重要意义。但这种测验发展较晚,因而测验的标准化问题尚未得到较满意的解决。

3. 创造力的测量

创造力即产生新思想、发现和创造新事物的能力。它与一般能力的区别主要在于它具有独创性与新颖性,其中最重要的是发散思维。测定发散思维能力在一定程度上可知创造力的高低,因而许多创造力的测验都是设法测量被测试者的发散思维水平。20世纪60年代初,美国芝加哥大学首创了一套创造力测量表。这套测验由五个项目构成:词汇的联想、物体的用途、隐藏的图形、寓言的解释与问题的解答。这些项目要求被测试者做出大量富有创造性的回答,在一定程度上反映了一个人的创造力。

能力测量是一项专业性很强的工作,要由心理学工作者和经过专门训练的人承担。一般人切忌乱编滥用,以防产生不良的社会效果。

三、能力与安全生产的关系

任何工作的顺利开展都要求人具有一定的能力。人在能力上的差异不但影响着工作效率,而且也是能否搞好安全生产的重要制约因素。

1. 特殊职业对能力的要求

特殊职业的从业人员要从事冒险、具有危险性及负有重大责任的活动。因此,这类职业不但要求从业人员有较高的专业技能,而且要具有较强的特殊能力。选择这类职业的从业人员,必须考虑能力问题。

选择特殊职业的从业人员应该进行能力测验，以确定其是否具有该职业所要求的特殊能力及水平。实践证明，经过能力测验，辨别出能力强者和能力弱者，对弱者重新进行职业培训或淘汰，可以更有效地保证特殊职业的生产安全，减少事故发生。

交通肇事是现代社会的一大公害。有研究表明，大部分的汽车交通事故都是由汽车驾驶员直接引起的。有些汽车驾驶员不止一次地在驾车途中造成险情，而有的人则在这个岗位上工作得很好。

汽车驾驶员是一项有一定危险性和负有重要责任的职业。这一职业要求从业人员具有良好的性格品质和稳定的情绪状态以及一种特殊能力——驾驶能力。

在研究大量实例之后，人们发现，易出事故的驾驶员和优秀的驾驶员在性格、情绪和驾驶能力等方面存在差别。为了确定一个人是否适合从事汽车驾驶这项工作，不少国家都采用了能力测验的办法。日本新潟大学的心理学家在20世纪60年代曾研制出具有两种驾驶能力测验的仪器：速度期望反应测验器和辨别反应测验器。日本北部的一家公共汽车公司在1960年开始使用这两种仪器。1960年前，这家公司的驾驶员每年造成事故264起。1960年以后，这家公司雇用新驾驶员时一直应用这一测验，对测验合格者予以雇用，对不合格者或可疑者予以淘汰或重新培训。到1969年，每年事故减少到84起。

2. 普通职业对能力的要求

为保证安全生产，普通职业对于特殊能力也有一定的要求。

实际生产中存在着这样的现象：有的工人像"闹着玩似的"可以完成别人数个工作日才能完成的任务，而另有些工人，虽然工作勤恳努力，却费了好大劲才可以完成一个工作日的任务。类似这样的例子在每个企业都可以找到，这种工作成绩的差别是职业技能不同造成的。

技能的形成受能力，尤其是特殊能力，以及劳动态度、经验和职业培训等因素的影响。美国的心理学家对99名织袜工进行了一个根据她们劳动成绩来划分工作能力的试验。在这种试验里，态度和经验(以工龄来表示)都是可以控制的，这99人的工龄都在一年以上，受到培训的情况也大致相同。从试验得出的曲线看，这些织袜工的工作效率存在着非常大的差别，如图3-7所示。显然，在态度和经验可控制的条件下，试验结果证明了织袜工们在从事这项职业的能力上存在着很大差别。

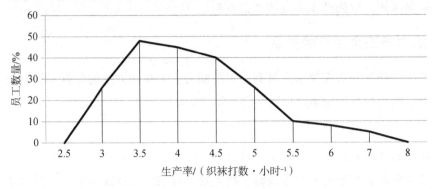

图3-7　99名织袜工的劳动生产率

人能力上的差别，还可以在操作动作方面表现出来。在从事普通职业时，人在特殊能力上普遍存在着明显的差异。这种差异不但导致劳动生产率的不同，而且在安全生产方面也发挥着重要作用。

最容易理解的是，能力的不同导致人体力消耗的不同，工作效率高的人无用动作要少得多。他们善于保持体力，不易感到疲劳，而疲劳是事故的温床。

从情绪上看，能力强的人在工作上有信心，精神焕发；而能力差的人则会因不称职而感到苦恼，情绪低落。

从操作行为上看，能力强的人工作起来从容不迫，注意分配均衡，动作规范；而能力差的人则易紧张，手忙脚乱，拿东忘西，顾头顾不了尾，易产生操作失误。

3. 人尽其才，管理者应该重视能力的个体差异

（1）人的能力与岗位职责要求相匹配。领导者在职工工作安排上应该因人而异，使人尽其才，发挥和调动每个人的优势能力，避开非优势能力，使职工的能力和体力与岗位要求相匹配。这样可以调动工人的劳动积极性，提高生产率，保证生产中的安全。

（2）发现和挖掘职工潜能。管理者不但要善于使用人才，还要善于发现人才和挖掘职工的潜能，这样可以充分调动人的积极性和创造性，使工人工作热情高，心情舒畅，心理上得到满足，不但可避免人才浪费，而且有利于安全生产。

（3）通过培训提高人的能力。培训和实践可以增强人的能力。因此，应对职工开展与岗位要求一致的培训和实践，通过培训和实践提高职工能力。

（4）团队合作时，人事安排应注意人员能力的相互弥补。团队的能力系统应是全面的，这对作业效率和作业安全具有重要作用。

复习思考题

1. 与事故有关的不良心理特征有哪些？
2. 马斯洛的需要层次理论是什么？在安全生产中应如何运用这一理论？
3. 安全管理人员应该具备什么样的性格类型？为什么？
4. 加强对工作兴趣的培养是否对安全管理具有重要意义？为什么？
5. 如何理解气质在安全生产中的重要作用？
6. 能力与安全生产的关系是什么？

第四章

激励与安全生产

人的心理过程和个性心理与安全生产密切相关。如何利用人的心理过程和个性心理特征来更好地为安全生产服务,一直是安全心理学研究的重点问题之一。激励便是其中一种重要手段。激励是指激发人的动机,使其朝向所期望的目标前进的心理活动过程。从安全生产的角度而言,激励主要指如何调动劳动者安全生产的积极性问题。

第一节 激励概述

一、激励的基本特征

1. 激励应有具体的对象

在劳动生产过程中,激励的对象是企业的每一个职工,企业的每一个职工都有自己的需要以及自我价值所决定的个人目标。企业为了有效地运行,必须对职工进行激励,以实现企业的目标。从广义上讲,企业的激励也包含着对企业内的群体(例如车间、班组、科室)的激励,这是因为企业作为一个系统,是由许多具有不同特点和功能的群体所组成的,它们以不同形式组合才能形成企业系统的整体功能和特点,企业内各群体被激励的水平,也决定着企业的协调发展。因此,激励的对象不仅是企业职工个体,也涉及企业内各群体以及领导的心理行为问题。

2. 激励是人的动机激发循环

当人有某种需要时,心理上就会处于一种激励状态,形成一种内在的驱动力(即动机),并导致行为指向目标。当目标达到后,需要得到满足,激励状态解除,随后又会产生新的需要。可以认为,激励是人的动机激发循环的重要外界刺激。但是人被激励的动机强弱不是固定不变的,而且激励水平与许多因素有关,如职工的文化构成、职工的价值观、企业目标的吸引力、激励的方式等。

3. 激励的效果可由人的行为和工作绩效予以判断

企业对职工进行激励,其动机激发的程度只能由外显的行为和绩效表达出来,这是因为人的行为及其结果是由动机所推动的。例如,在企业安全生产中,企业运用激励机制,激发职工的安全动机,从而使职工认真遵循安全操作规程,一丝不苟地进行安全生产活动,并为实现企业安全生产目标做出绩效。因此,激励与行为之间存在着某种因果关系。

一般来讲,企业的目标与职工的个人目标之间存在着一致性与矛盾性两方面的倾向。企业要有效地运行,并实现其整体目标,必须在职工的个人目标与企业目标之间进行调整和控制,以达到目标一致化。这种目标一致化的过程,就要靠组织的激励机制及其实施来完成。企业通过激励,可充分挖掘职工的工作潜力,发挥其工作能力,提高工作效率。研究表明,按时计酬,职工的能力仅发挥20%~30%;若职工受到充分的激励,其能力的发挥可达80%~90%,即相当于激励前的3~4倍。另外企业通过激励还可进一步激发职工的创造性。国内外许多企业通过设置合理化建议奖和技术革新奖,从而获得明显效益。激励作为一种重要手段对增强企业内部的凝聚力也是极其重要的,它不仅可避免人才流失,而且可吸引有利于企业发展的人才,促进企业的发展,还能提高企业的应变能力。

二、激励的过程

在任何一个企业中,管理者所需要的是人的行为,即人的行为产生的结果。每个人的行为的产生都不是无缘无故的,必定经历一个复杂的过程。

首先,任何行为的产生都是由动机驱使的。关于动机,许多人有一种错误的认识,即认为动机是人的一种个性特质,有些人有而有些人没有,因此认为如果某一员工没有动机,则无法对他产生激励。其实,所有人的所有行为都有动机,只是每个人的行为动机不同,而且每个人的动机还可能因时、因地而有差别,这样就产生了动机与环境的关系,即动机受环境的影响和制约。

其次,动机是以需要为基础的。实际上,动机的最终来源是人的需要,不论你是否意识到需要的存在,动机都是因需要而产生的。人的需要很复杂。一方面,人的需要分为基本的需要和第二位的需要。基本的需要主要是水、空气、食物、睡眠、安全等需要;第二位的需要主要是自尊心、地位、归属、情感、礼尚往来、成就和自信等需要。这些需要也因时、因人而异。另一方面,人的需要会受环境的影响。如闻到食物香味会使人产生饥饿感,看到某商品的广告会激发人的购买欲望等。

激励的过程是需要决定动机,动机产生行为的过程。可是作为一个具体的激励来说,过程要复杂得多。当然,需要始终是激励过程的原动力,当需要未被满足时,会产生紧张,进而激发个人的内在驱动力,驱动力又驱使人们去寻找能满足需要的行为,结果需要得以满足,紧张感消失。激励的过程可用图4-1表示。

图4-1 激励的过程

在激励过程中,可能会发现,有些需要很容易得到满足,而有些需要满足起来很困难,所以激励的过程有时间长短之分。有些需要可能根本无法满足,即使付出了巨大的努力也无法满足,这时可能出现两种结果:一种是产生更强烈的需要,付出更大的努力,直至实现需要,达到目的,这是积极的结果。一种是在需要无法满足时,该需要消失,可能产生其他需要,这是消极的结果;一种需要得到满足后,新的需要产生,新的激励过程又开始了,如此往复。

企业对员工的激励,要密切注视并研究激励的过程。有时,员工的需要可能不是组织的需要,员工的目标也可能不符合组织的目标,结果是员工的行为与组织需要的行为不一致。例如,员工需要工作轻松自在,所以他(她)努力的目标是少工作,这种努力对组织没有任何价值,所以组织必须积极引导员工的需要,尽量与组织的目标相一致,最终达到良好的激励效果。

三、激励理论简介

做好员工的激励工作,必须掌握激励理论。1924年开始的霍桑试验,开创了行为研究的先河。行为研究的发展,也引起了以研究人的行为为主的激励理论的发展。20世纪50年代以来出现的有代表性的激励理论不下10种。这些理论从不同的侧面研究了人的行为动因,但每一种理论都具有局限性,不可能用一种理论去解释所有行为的激励问题。各种理论可以相互补充,使激励理论得以完善。下面简要介绍比较有影响的一些激励理论。

(一)需要层次理论

在所有的激励理论中,最早也是最受人瞩目的理论,是由美国心理学家亚伯拉罕·马斯洛提出的需要层次论。马斯洛将人的需要分为五个层次。

(1)生理需要:包括食物、水、衣着、住所、睡眠及其他生理需要。

(2)安全需要:包括免受身体和情感伤害及保护职业、财产、食物和住所不受丧失威胁的需要。

(3)归属与爱的需要:包括友谊、爱情、归属和接纳方面的需要。

(4)尊重需要:包括自尊、自主和成就感等方面的需要,以及由此而产生的权利、地位、威望等方面的需要。

(5)自我实现的需要:包括发挥自身潜能、实现心中理想的需要,追求个人能力之极限。

马斯洛认为,人的五个层次的需要是由低向高排列的。需要层次的排列一方面表明需要层次由低到高的递进性,即人们最先表现为生理需要,当生理需要得到满足以后,生理需要消失,表现出安全需要,依次递进,最终表现为自我实现的需要。另一方面,越是低层次的需要,越为大多数人所拥有,高层次的需要,可能只有极少数人经历过。所以低层次的需要容易得到满足,而高层次的需要满足起来比较困难。

如果要按马斯洛的观点去激励人,就必须掌握人所处的需要层次,尽量去满足他的需要。同时,又必须了解其需要的变化,前一层次需要满足后,必须了解他下一层次的需要是什么,然后用区别于前面所采用的激励手段,使需要得以满足。应当指出的是,马斯洛的需要层次也会有例外现象,如需要层次的跳跃,也就是前一层次的需要没有满足而直接表现为下一层次的需要,如民族英雄,他可能在安全需要还没有满足时就表现为自我实现的需要,以至于为了民族的利益而牺牲生命。

(二) X 理论和 Y 理论

道格拉斯·麦格雷戈从人性的角度,提出了两种完全不同,甚至可以说是截然相反的理论,即 X 理论和 Y 理论。

1. X 理论

对于 X 理论,习惯称为人性为恶理论。该理论对人性有如下假设。

(1)一般人天性都好逸恶劳。

(2)人都以自我为中心,对组织的需要采取消极的甚至是抵制的态度。

(3)缺乏进取心,反对变革。

(4)不愿意承担责任。

(5)易于受骗和接受煽动。

如果按 X 理论对员工进行管理,必须对员工进行说服、奖赏、惩罚和严格控制,才能迫使员工实现组织的目标,所以在管理中,强制性措施是第一位的。

2. Y 理论

Y 理论又称为人性为善理论。Y 理论对人性有如下假设。

(1)人们并不是天生就厌恶工作,他们把工作看成如休息和娱乐带来的快乐、自然。

(2)人们并非天生就对组织的要求采取消极或抵制的态度,而经常是采取合作的态度,接受组织的任务,并主动完成。

(3)人们在适当的情况下,不仅能够承担责任,而且会主动承担责任。

(4)大多数人都具有相当高的智力、想象力、创造力和正确决策的能力,只是没有充分发挥出来。

根据Y理论，要激励员工去完成组织的任务、实现组织的目标，只需要改善员工的工作环境和条件（包括良好的群体关系、干净、整洁的环境等），让员工参与决策，为员工提供富有挑战性和责任感的工作。这样，员工就会有很高的工作积极性，会将自身的潜能充分发出来。

麦格雷戈认为，Y理论比X理论更有效，因此他建议应更多地用Y理论而不是用X理论来管理员工。令人遗憾的是，在现实生活中很少有利用Y理论管理员工而取得成功的典型事例，而利用X理论而卓有成效的管理者则确有其人。如丰田公司美国市场运营部副总裁鲍勃·麦格克雷（Bob Mccurry）就是X理论的追随者，他实施"鞭策"式的政策，激励员工拼命工作，使丰田公司的产品在激烈的竞争中，市场占有份额大幅度提高。当然，找不到Y理论的典型范例并不表示Y理论的错误，这可能是由于X理论是属于人的较低层次需要支配的个人行为，具有普遍性，而Y理论则是属于人的较高层次需要支配的个人行为，具有特殊性。由于在企业中的大多数人可能处于较低需要层次，只有少部分人处于较高需要层次，所以使用X理论进行管理比使用Y理论进行管理更普遍。

（三）激励因素、保健因素理论

激励因素、保健因素理论，又称双因素理论，是由美国心理学家弗雷德里克·赫茨伯格提出来的。赫茨伯格在马斯洛的需要层次理论基础上进行了进一步研究。他的研究是通过调查而展开的。他在调查中问了这样一个问题："你希望在工作中得到什么？"他要求人们在具体情境下详细描述他们认为工作中特别满意和特别不满意的方面。

通过对调查结果的分析，赫茨伯格发现，员工对各种因素满意与不满意的回答十分不同。他还发现与满意有关的因素都是与自身有关的因素，如成就、承认、责任等；与不满意有关的因素都是外部因素，如公司政策、管理和监督、人际关系、工作条件等。赫茨伯格进一步指出，满意的对立面并不是不满意。消除了工作中的不满意因素也并不一定能使工作令人满意，所以他认为，满意的对立面是没有满意，不满意的对立面是没有不满意。赫茨伯格认为，导致工作满意的因素与导致工作不满意的因素是有区别的。他把导致工作不满意的因素称为保健因素，因为这些因素的缺少或不好，会引起员工的不满；而这些因素的大量存在，只能减少员工的不满，不能增加员工的满意，所以这些因素不能起到激励作用。赫茨伯格把导致工作满意的因素设置为一般激励因素，这些因素的改善可以增加员工的满意程度，激发员工的进取心，所以这类因素才能真正激励员工。

（四）期望理论

期望理论是由维克托·弗鲁姆提出的。弗鲁姆认为，当人们预期到某一行为能给个人带来既定结果，且这种结果对个体具有吸引力时，人们才会采取这一特定行为。它包括以下三项变量或三种联系。

（1）努力、绩效的联系：个体感觉到通过一定程度的努力而达到工作绩效的可能性，即我必须付出多大的努力才能实现某一工作绩效水平？我付出努力后能达到该绩效水平吗？

（2）绩效、奖赏的联系：个体对于达到一定工作绩效后即可获得理想的奖励结果的信任程度，即当我达到该绩效水平后会得到什么奖赏？

（3）吸引力：个体所获得的奖赏对个体的重要程度，即该奖赏是否有我期望的那么高？该奖赏能否有利于实现个人目标？

以上三种联系形成的期望理论的简化模式如图4-2所示。

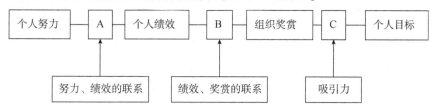

图4-2 期望理论的简化模式

弗鲁姆在分析了期望理论的简单模式后，进一步建立了激励模型，在模型中引入了三个参数：激励力、效价和期望率。弗鲁姆对这三个参数的解释是：激励力是指一个人受到激励的强度；效价是指这个人对某种成果的偏好程度；期望率则是个人通过特定的努力达到预期成果的可能性或概率。因此，弗鲁姆建立的理论模型为：

$$激励力 = 效价 \times 期望率$$

弗鲁姆研究的是个体特征，尤其是他的理论是以个人的价值观为基础的。这种因人、因时、因地而异的价值观假设比较符合现实生活，而且在逻辑上都是非常正确的。但是这种由个体的价值观假设所形成的激励理论在实际应用时有许多困难。

（五）公平理论

公平理论是由斯达西·亚当斯（Stacey Adams）提出的。亚当斯认为，员工在一个企业中很注重自己是不是被公平对待的评价，常常以此来决定自己的行为。亚当斯认为，员工对自己是否被公平对待的评价，是首先思虑自己所得的收入与付出的比率，然后将自己的收入与付出之比与有关他人的收入与付出之比进行比较。如果员工感觉到自己的比率与他人相等，则为公平状态；如果员工感到二者比率不相同，则会产生不公平感。

公平理论可以广泛应用于现实生活中。例如，一个大学刚毕业的人进入一家公司，年薪4万元，他可能很满意，会很努力去工作。可是工作3个月后，又来一个与他同等条件的大学毕业生，他的年薪为4.5万元，这时他会感到不公平，从而降低努力的程度。当他发现一个工作能力明显不如他的人得到与他同样的报酬，或一个与他能力相当（或不如他）的人获得晋升，而他没有时，他都会感到不公平。人的天性就是相互攀比，所以公平对一个企业来说十分重要。

（六）强化理论

强化理论是由美国哈佛大学的心理学家斯金纳提出的。斯金纳的强化理论主要研究人的行为同外部因素之间的关系。控制人的行为的因素称为强化物，有正、负之分。正强化主要指奖励和认同等；负强化主要指处罚或不认同等。斯金纳认为，当人们因采取某种行为而受到奖励时，他们极有可能重复这种行为；当人们采取某种行为没有受到奖励或受到处罚时，他们重复这种行为的可能性极小。而且他认为，奖励或惩罚必须紧随行为之后才最具效果。

斯金纳所做的工作远不止对成绩好的行为进行奖励、对成绩差的行为进行惩罚，他分析员工的工作情况，以认清员工按他们的方式行动的原因，而后想办法改变这种情况，消除工作中的困难和障碍，于是，在员工的参与和帮助下设置具体的目标，对工作成果迅速进行反馈，对员工的行为改进给予奖励，甚至当成绩没有达到目标时，就要设法给予帮助，并对其所做的可取地方给予奖励。同时，他还发现，让员工充分了解公司的情况，尤其是那些涉及员工的问题，其本身对员工具有相当大的激励性。

（七）激励需要理论

激励需要理论是由戴维·麦克利兰（David McClelland）提出的。麦克利兰认为，个体在工作环境中主要表现为以下三种需要。

(1) 权力需要：影响或控制他人且不受他人控制的欲望。

(2) 归属需要：建立友好亲密的人际关系的愿望。

(3) 成就需要：追求卓越、争取成功的愿望。

综合分析激励的三种需要后，麦克利兰将之用于管理人员的分析中。他发现，企业家呈现出具有很高的成就需要和相当大的权力需要，归属需要十分低；主管人员一般表现出具有高度的成就需要和权力需要，归属需要比较低。比较企业家和主管人员，企业家的成就需要更强，二者对权力需要相当，而主管人员对归属需要更强。麦克利兰还发现，小公司和大公司各类人员对需要有明显的不同。

（八）ERG 理论

ERG 理论是由奥尔德弗（Clayton Atderfer）提出来的。他把人的需求分为三个等级，即生存需求、相互关系需求和成长需求。他对需求等级的分类与马斯洛的需要层次非常接近。奥德弗认为，人们从不满足于平稳状态，总是在高需求和低需求之间波动。

（九）不成熟—成熟理论

不成熟—成熟理论是由阿吉里斯（Chris Argyris）提出来的，又称个性和组织假设。阿吉里斯认为，企业中的人的个性发展，如同婴儿成长为成人一样，也有一个由不成熟到成熟的连续发展过程，一个人在这个发展过程中所处的位置就体现为自我实现的程度。

（十）挫折理论

挫折是指当个人从事有确定目标的行为活动时，由于主客观方面的阻碍，目标无法实现、动机无法满足时的个人心境状态。挫折理论认为，不同个人在遭受挫折时，由挫折所导致的心理上的焦虑、痛苦、沮丧、失望等，会导致种种挫折性行为。一般来说，任何挫折都是不利的，不但影响员工的积极性，而且常常给员工带来心理伤害，甚至心理疾患。然而，人生种种挫折在所难免，所以，必须及时了解、分析员工的种种现实挫折。通过关心，从提高员工的挫折承受力和有效地帮助员工实现目标两方面去消除挫折感，引导员工在受挫折后不懈地积极进取。

四、激励实践

激励理论多种多样，企业的实际情况又千变万化，所以无法用一个统一的方式去激励员工。下面简要介绍常用的激励方式。

（一）目标激励

目标激励是指给员工确定一定的目标，以目标为诱因驱使员工去努力工作，以实现目标。任何企业的发展都需要有自己的经营目标，目标激励必须以企业的经营目标为基础。任何个人在自己需要的驱使下也会具有个人目标，目标激励要求把企业的经营目标与员工的个人目标结合起来，使企业目标和员工目标相一致。员工为追求目标的实现会不断努力，发挥自己最大的潜能。

（二）参与激励

参与激励是指让员工参与企业管理，使员工产生主人翁的责任感，从而激励员工发挥自己的积极性。所以，参与激励就是要让员工经常参与企业重大问题的决策，让员工多提合理化建议，并对企业的各项活动进行监督和管理。这样，员工就会感受到自己是企业的主人，企业的前途和命运就是自己的前途和命运，个人只有依附或归属于企业才能发展自我，从而激励员工全身心投入到企业的事业中来。

（三）领导者激励

领导者激励主要指领导者的品行给企业员工带来的激励效果。企业领导者是企业众目之心，是员工的表率，是员工行为的指示器。如果领导者清正廉洁，对物质的诱惑不动心；吃苦在前，享乐在后；严于律己，要求员工做的，自己先行；虚怀若谷，不计前嫌等，这些行为对员工都是莫大的鼓舞，可以激发员工的士气。如果领导者再具有较强的业务能力，能给企业带来较高的经济效益，有助于员工需要的满足和价值的实现，那么，会对员工产生更大的激励作用。

（四）关心激励

关心激励是指企业领导者通过对员工的关心而产生的对员工的激励作用。企业的员工以企业为主要的生存空间，把企业当作自己的归属。如果企业领导者时时关心员工疾苦，了解员工的具体困难，并帮助其解决，就会使员工产生很强的归属感，对员工产生激励效果。

(五)公平激励

公平激励是指企业领导者在企业的各种待遇上,对每一位员工公平对待所产生的激励作用。只要员工等量的劳动成果有等量的待遇,多劳多得,少劳少得,企业就会形成一个公平合理的环境。

(六)认同激励

认同激励是指企业领导者对员工的劳动成果或工作成绩表示认同而对员工产生的激励作用。虽然有一些人愿意做无名英雄,但毕竟是少数,绝大多数人都不愿意默默无闻地工作。当他取得了一定的成绩后,需要得到大家的承认,尤其是得到领导者的承认。

(七)奖励激励

奖励激励是指企业以奖励作为诱因,驱使员工采取最有效、最合理的行为,奖励激励通常是从正面对员工进行引导。企业首先根据企业经营的需要,规定员工的行为如果符合一定的行为规范(如安全规程等),员工就可以获得一定的奖励。员工对奖励追求的欲望,促使他的行为必须符合行为规范,同时给企业带来有益的劳动成果。

(八)惩罚激励

惩罚激励是指企业利用惩罚手段,诱导员工采取符合企业需要的行动的一种激励,它与奖励激励正好相反。在惩罚激励中,企业要确定一系列的员工行为规范,并规定逾越了这一行为规范,根据不同的逾越程度,确定惩罚的不同标准。

第二节 激励与安全生产

一、企业安全管理工作的激励原则

物质激励和精神激励并重是我国企业安全生产管理中,用以调动职工在安全生产中的积极性的基本激励原则。

物质激励主要指满足员工物质利益方面的需要所采取的激励,例如,奖金、奖品、增加工资、提高福利标准等;精神激励主要指满足员工的精神需要所采取的激励,例如,表扬、评先进、委以重任、晋升等。这两种激励手段在内容和形式上有所区别,但两者之间也存在一定的联系。以安全奖金为例,它属于物质激励的范畴,职工从金钱、物质上获得利益,具有经济上的刺激作用,这为其外显部分。同时,奖金常常成为人们评估自我价值和工作绩效大小的一种心理满足的尺度。人们总是将其在安全生产中的贡献值与奖金分配的实现值的相对比值与他人比较,因此,在安全奖的分配中蕴含着较大的精神激励成分。

企业对职工在安全生产中贡献的肯定程度，可激发职工的成就感。以评选安全先进个体（集体）为例，它是一种精神激励的方式，通过评选活动对职工在安全生产中的绩效或贡献以社会承认的形式予以肯定，从而满足了人的尊重需要和自我实现的需要。作为先进工作者（或集体），由于获得先进称号而产生荣誉感，这种荣誉感会导致积极的心理不平衡，从而形成内在的"压力"，激发人的积极性。

从人的需要来讲，物质需要是基础，而精神需要属较高层次的需要。物质激励反映了人对物质利益需要的满足，因此，它是企业基本的激励形式。精神激励反映了人对需要追求的升华，它是不能以物质激励代替的，尤其是随着社会的发展，物质生活条件逐渐丰富，人们对自尊、成就、理想的实现等精神上的需要越来越强烈，对精神激励的要求必然显得更加突出。再者，物质奖励的作用遵循"边际效应递减"的原则，在短时期作用明显，但当达到一定程度时，激励作用就开始消退，其"边际效应"将趋向为零。而精神激励的作用一般比较持久，而且对人的激励更加深刻，但是精神激励的作用在一定条件下也是有限的。

企业将物质激励与精神激励结合起来，适时地应用多种形式的奖励方法，以丰富激励的内容，满足员工的合理需要，使员工处于最佳激励状态，从而达到充分调动员工积极性、主动性和创造性的效果。

二、激励实施应注意的问题

在企业安全生产管理中，对职工进行激励是一种有目的的行为过程。其目的在于激发职工的安全动机，调动职工实现安全生产目标。因此，如何最大限度地发挥激励行为的有效性是应该注重的课题，这涉及如何正确实施激励的一些基本问题。

（一）激励时间的选择

在安全生产过程中选择最佳激励时间，以求取得最佳激励效果，这就是激励的时效性。一般可将激励时间划分为超前激励（期前激励）、及时激励、延时激励（期末激励）。

（1）超前激励是在开展某项工作前就明确将完成预定任务与激励的形式、标准挂钩，如设置"百日无事故"活动奖，开展"争创双文明先进集体（个人）"活动等。此种激励时机一般适于内容丰富且时间较长的安全生产活动。

（2）及时激励是在工作周期内适时地进行激励，以求及时取得立竿见影的效果，如企业生产班组织对职工安全行为的口头表扬、安全月奖的兑现等。

（3）延时激励是指在工作任务完成后，根据完成任务的情况给予奖励，这会对今后的工作任务起到一定的激励作用。

企业安全生产管理人员要善于把握激励时机，并将上述三种激励有机地结合起来，这样才会收到事半功倍的效果。

（二）激励程度的确定

激励程度指对安全生产活动中取得成效的集体或个人进行奖励的标准。一般而言，要视员工完成安全生产任务的大小和艰巨程度而定。也就是说，它主要受激励目标的制约。企业领导和职能管理部门应善于根据激励目标的大小和企业的具体情况，恰如其分地确定激励的最佳程度，以求取得预期的激励效果。

(三) 激励方式的更迭

激励方式的更迭指物质激励和精神激励的交替应用。由于这两种激励方式均具有"疲劳效应"的特点，并易于从激励因素转变为保健因素，因此，可采取两种办法来预防这种"疲劳效应"。

(1) 将此两种激励方式巧妙地结合起来并进行更迭，在某一时期可以某种激励方式为主，并辅以另一种形式，也可根据激励目标的不同进行激励方式的更迭。

(2) 采取符合员工心理要求的多样化的方式，在激励的内容和形式这两个维度上下功夫。不要千篇一律地按常规方式进行，有时多样化的方式可能在激励效果上更具有积极的意义。

三、群体、非正式群体与安全生产

(一) 群体的凝聚力与安全生产

由两人以上组成并以一定方式的共同活动为基础结合起来的集合体，称为群体。亦即具有共同目标，心理上互相依附，行为上交互作用、互相影响，情感上具有集体意识和归属感的一群人，如家庭、学校、企业、单位等。本书指的是生产群体，如班组、工段、车间、厂矿等。群体的凝聚力是指群体对其成员的吸引力和群体成员之间的相互吸引力。凝聚力大的群体，成员的向心力也大，有较强的归属感，集体意识强，能密切合作，人际关系融洽，愿意承担推动群体工作的责任，维护群体利益和荣誉，能发挥群体的功能。

1. 影响群体凝聚力的因素

影响群体凝聚力的因素很多，主要有五个方面。

(1) 成员的共同性：其中最主要的是共同的目标和利益；此外，还有年龄、文化水平、兴趣、价值观等。

(2) 群体的领导者与成员的关系：主要指领导者非权力性的影响力；此外，民主式领导可使群体成员之间的关系和谐，从而增强群体的凝聚力。

(3) 群体与外部的联系：当群体受到外来压力时，其凝聚力会增强。

(4) 成员对群体的依赖性：群体能满足成员的个人需要时，其凝聚力会增强；在群体实现其目标时，凝聚力也会增强。

(5) 群体规模大小：与凝聚力成反比，群体内信息沟通时凝聚力高，反之则较低。

2. 群体的凝聚力与安全生产的关系

群体的凝聚力与安全生产的关系取决于群体的目标和利益与企业是否协调一致，以及群体的规范水平。一般来说，群体的目标和利益与企业整体的目标和利益总是一致的。因此，凝聚力大的群体安全生产的绩效也较好。当群体因安全生产绩效卓越受到奖励时，又会进一步提高群体的凝聚力。

心理学家沙赫特（Stanley Schachter）曾在严格的控制条件下，研究群体凝聚力与生产效率的关系，实验中的自变量是凝聚力和诱导，因变量是生产效率。四个实验组分别给了四种不同的条件，即以高、低凝聚力和积极、消极诱导进行的四种不同的组合，另设一对照组，观察对生产效率的影响。结论如下。

（1）无论凝聚力高低，积极诱导都可提高生产效率，尤以高凝聚力的群体为佳。消极诱导则明显地降低生产效率，而且以高凝聚力的群体降低更为明显；

（2）群体的规范水平极其重要。高凝聚力的群体，若其群体规范的水平很低，则会降低生产效率。

沙赫特的实验给出了两点启示。

第一，如果车间、班组的安全生产目标与企业的整体目标一致，其安全生产目标规范水平较高，当群体凝聚力越高时，安全生产活动的成效越好，效率也越高。相反，当车间、班组的安全生产目标与企业整体目标不一致时，其安全生产目标规范水平偏低，在群体凝聚力升高时，其安全生产活动的效果亦不会良好。

第二，企业安全生产的领导和管理人员不仅要重视企业各种群体的凝聚力，而且要重视提高企业各群体及其成员对安全生产的认识水平，积极诱导他们不断提高安全生产的规范水平，克服消极因素，使群体的凝聚力在保证实现企业安全生产目标中发挥积极的作用。

（二）非正式群体与安全生产

非正式群体一般指没有明文规定而自然形成的群体。非正式群体是以成员之间的感情和需要作为纽带自然形成的群体。例如，车间、班组中的同乡、同学形成的群体，自愿结合的临时技术革新小组等。企业中非正式群体的出现和存在并非偶然，它是由于人们为了满足正式群体之外的某些心理上的需要（如社交的需要、爱好兴趣的需要、归属的需要等）而逐渐形成的。

1. 非正式群体的类型

(1) 根据形成的原因，非正式群体可分为下列几种类型。

1) 情感型：以深厚的情感为基础而形成。

2) 兴趣爱好型：以兴趣爱好相同作为基础。

3) 利益型：以某种共同的利害关系作为基础。

(2) 根据非正式群体的效应，可将其概括为三种类型。

1) 积极型。例如，企业内自愿组合的技术攻关小组、企业的文体团体。这种非正式群体可促进企业的安全生产活动，是一种积极的因素。

2)消极型。例如,某些对企业安全生产目标或管理方式有抵触情绪的人自然形成的无形群体。这种非正式群体对于企业的正常安全生产活动具有一定的阻碍作用。

3)破坏型。例如,具有反社会倾向的非正式群体。这种非正式群体对企业实现安全生产目标具有危害作用。

由于非正式群体是人们为满足某些心理需要而自愿结合而成的,因此,各成员会认识类同、情感共鸣、行动协调,群体的凝聚力较强。此种群体在一定程度上能满足成员的心理需要,成员对群体有归属感,群体成员会自然涌现出"头头"。群体成员的行为受群体中自然形成的"规范"的调节和制约。此种群体内,信息沟通渠道畅通,传递迅速。

2. 非正式群体的作用

非正式群体的作用具有两重性。对企业的安全生产活动可表现为正向的(积极的)和负向的(消极的)影响。如果正确引导,非正式群体可弥补正式群体的不足,在实现企业安全生产目标中发挥重要的作用;反之,则会干扰企业安全生产目标的实现。

(1)非正式群体的积极作用在于,可使其成员获得心理需要的满足,有助于企业建立安定团结的心理气氛,能加强企业群体内的意见沟通,在协助企业实现安全生产目标中,起到推进作用;成员之间还可能通过潜移默化的方式,对成员在安全生产活动中的行为产生积极的影响。

(2)非正式群体的消极作用在于,当成员对企业出现不满情绪时,易引起非正式群体的其他成员的类似情绪,出现不正常的心理气氛,甚至产生对企业各级领导或管理人员的抵触情绪,如传播"小道消息"、不服从生产指挥、消极怠工等,从而产生不利于安全生产的行为。

3. 对非正式群体的引导

对非正式群体,必须充分重视和探讨其内在规律,遏制其消极作用,发挥其积极作用,引导非正式群体为企业安全生产服务。

(1)重视非正式群体的价值。管理人员必须认识到,非正式群体是客观存在的,是不以企业管理人员的意志为转移的,对其否认、放任或压制,均不利于企业的安全生产活动;利用并承认它,从中协调,因势利导,才能使它有利于企业安全生产目标的实现。非正式群体虽有其自身的特点,但总是会部分地体现其价值,也就是说,它对企业、群体会发挥一定的效应。例如,"桥梁作用"。非正式群体的特点之一是信息传递迅速,企业管理人员可通过它掌握员工中存在的思想动态,以求集思广益,及时改进安全生产管理工作;还可通过非正式群体成员之间相互关心的特点,开展思想交流工作,以稳定情绪、提高士气。非正式群体成员因在生产作业中的不安全行为受到批评后,企业安全管理人员利用非正式群体成员做思想工作,可能效果较好。

(2)采取多种形式发挥非正式群体的正向效应。企业中可存在各种有形的和无形的非正式群体,管理人员应根据其性质和特点,采取多种形式的积极诱导。例如,在开展安全技术革新的活动中,可利用非正式群体钻研技术的积极性,自愿结合组成技术攻关小组,为实现企业亟待解决的安全生产技术问题而贡献力量。在组织职工文体活动中,可定期组织爱好体育活动或文艺活动的非正式群体成员和其他员工开展文娱体育活动,以丰富企业的业余生活,既可缓解生产任务紧张、单调所带来的不利影响,又可和谐企业的心理气氛、协调人际关系,对安全生产是有益的。在企业安全生产管理制度上,可广泛征求各种类型的非正式群体的意见,这些非正式群体成员有不同层次的科技人员、不同技术层次的工人、不同年龄的工人、不同性别的工人等,听取他们的意见有利于制度的群众性、科学性和可行性。日本企业界非常重视非正式群体的作用,甚至将其作为员工参与企业管理的有效形式,组成自由结合、自愿参加、自我选定的生产小组,对于非正式群体的正向效应行为,普遍予以鼓励,并重奖有成效者。

(3)采取有效措施限制非正式群体的负向效应。积极疏导,使非正式群体改变消极的规范,进而改变其消极的行为。例如企业生产中某些作业需戴安全帽,有的无形群体的工人认为这是"胆小"的行为,这就是种无形的群体"规范",对安全生产有不利的影响,安全管理人员应多做这种有影响人物的工作,改变这种不安全的规范,树立正确的安全态度,使之与企业的安全要求一致。有的非正式群体热衷于业余"不正当"的活动(例如赌博之类),上班时无精打采,影响安全生产,企业管理人员应讲明危害,积极疏导,并予以禁止。

四、士气与安全生产

士气是指企业职工对企业的目的感到认同和需要获得满足,愿为达到组织的目标而奋斗的精神状态,是企业职工在安全生产活动中所形成的共同态度和情绪。

一般来说,具有高昂士气的群体具有高凝聚力,具有处理内部冲突和适应外部变化的能力,成员了解和支持群体的奋斗目标,成员之间有强烈的认同感。

企业职工的士气,反映了企业安全生产活动的有机结构的某一个或某些组成部分所发挥的作用。因此,此种群体的心理状态,对实现企业安全生产目的具有较大的影响。对于士气问题,拿破仑曾指出:"一支军队的实力,四分之三是由士气因素决定的。"因此,企业内士气的激励问题已成为现代企业安全生产管理的一个重要问题。如何才能提高企业内群体在安全生产活动中的士气呢?主要有下述几种途径。

1. 企业领导者"身先士卒"

如果领导者能深入生产第一线与职工同甘共苦,倾听群众意见,又能秉公办事,坚持以身作则,认真遵守安全技术规程,就会增强群体成员对群体的认同感,群体的凝聚力自然更强,从而易于激发群体成员在安全生产活动中的士气。

2. 为群体创造一个良好的心理环境

首先应为群体创造一个安全的工作环境,使职工获得安全感,以满足职工基本的心理需要，这对提高士气是极为重要的。如果工作条件很差，发生工伤事故和职业病的可能性较大，无疑是难以调动群体及其成员的积极因素的。在此基础上，尽力做好群体成员间的心理协调，增加心理相容性。必要的信息沟通有利于互相信赖，增强归属感，从而使群体成员在工作中有一个良好的心理气氛，这对群体士气的提高是极其重要的。

3. 运用各种激励方式激励企业员工

领导可有组织地开展各种竞赛活动，满足职工的荣誉感。例如，开展安全知识竞赛、安全技能示范比赛以及其他有益的文娱、体育比赛活动。这是一种激励士气的有效方式。企业还可通过精神激励和物质激励相结合的方式，对在安全生产中绩效突出的群体进行奖励，这不仅在一定程度上满足了群体成员自我实现的需要，增进了成员的归属感，而且可培育集体主义精神，进一步鼓舞士气。

此外，由于群体的士气反映了职工个人需要的满足，因此，在企业安全生产活动中，管理人员应切实关心每个职工的疾苦，这样也有助于提高群体士气。

五、人际关系与安全生产

(一) 人际关系的概念

人际关系是指在社会实践过程中，个体所形成的对其他个体的一种心理倾向及相应的行为。也就是说，它是人们在相互交往和联系中的一种心理关系。个人与个人之间、个人与群体之间、群体与群体之间的联系，经常受到各自心理特征以及所处的社会文化、社会意识的制约，反映着其心理上的距离，并伴随着一定的心理体验和反应。例如，喜欢或厌恶，亲近或疏远，满意或不满意等。

人际关系是以人的情感为联系纽带的。人际的亲疏关系，可使人们获得愉快或不愉快的体验，而人际关系的吸引或排斥，反映着彼此满足对方需要的程度。如果交往双方的心理需要都能获得满足，就会维持一种协调的人际关系。因此，需要的满足是人际关系的基础。例如，企业的工作环境恶劣，事故隐患多，而企业领导却一味追求生产进度，忽视工人对改善劳动条件的基本需要，工人与领导之间便会产生心理上的差距，感情不融洽，行动上不协调，工人的安全需要就成为领导与工人间人际关系紧张的根源。

心理学家舒兹(W. Schutz)认为，每个人都有人际关系的需要，但由于各人有不同的动机、知觉内容以及思想、态度等，人与人的交往中，每个人对他人的要求和方式都不尽相同。因此，各人就逐渐形成特有的对人际关系的倾向(也称人际反应特质)。人们的人际关系需求虽较复杂，但可根据容纳、控制和情感的需求划分为三种类型，并可进一步将其各自区分为主动性和被动性两个方面，从而形成各种不同的人际关系的基本倾向。任何两人的交互反应作用若互相适应、兼容，就会导致人际关系和谐；如不能适应、兼容，则会使交往发生障碍。

（二）人际关系的分类

人际关系可按不同方法进行分类。

1. 按人际关系的范围分类

（1）两人之间的关系：如夫妻关系、朋友关系、师生关系等。

（2）个人与团体的关系：如个人与家庭、学生与班集体、工人与班组的关系等。

（3）个人与组织的关系：如个人与学校、个人与企业、个人与社会的关系等。

2. 按人际关系的测度分类

（1）纵向关系：如父子关系、师徒关系、领导与群众的关系、上下级关系等。

（2）横向关系：如兄弟关系、同事关系、同学关系、姐妹关系、邻里关系等。

3. 按人际关系的好坏程度分类

（1）良好的人际关系：特征是友好、和睦、相互理解、体谅、融洽、亲密、相互吸引等。

（2）不良的人际关系：特征是相互敌视、对立、嫉妒、猜忌、攻击、漠视、冷淡、幸灾乐祸、嘲弄讥讽、相互排斥等。

4. 按人际关系维持的时间长短分类

（1）长期关系：如家庭中的人际关系、正式群体中的人际关系等。

（2）短期关系：如同在一起看电影互不相识的观众之间的关系、顾客与卖主之间的关系等。

5. 按形成或维系人际关系的主导因素分类

（1）工作型人际关系：由于从事相同或类似的工作任务而形成的人与人之间的关系。

（2）情感型人际关系：由于相互之间的情感联系而形成的人际关系。

（三）人际关系对安全的影响

人际关系对人的行为可起到积极的作用，也会起到消极的作用，它对企业的安全生产活动有以下影响。

1. 影响群体的凝聚力

人际关系协调能促进企业群体凝聚力增强，表现为群体成员团结一致。如果人际关系紧张，矛盾重重，势必影响群体的凝聚力。

2. 影响群体的绩效

人际关系协调有助于群体成员工作积极性的发挥，从而提高群体及其成员在安全生产中的绩效。

3. 影响安全

人际关系与企业职工在生产活动中的安全行为直接相关。如果群体成员之间人际关系失调，会使人们产生紧张情绪，注意力分散，易于导致操作失误，甚至导致事故的发生。

4. 影响企业职工的心理健康

人际关系严重不协调时，会由于紧张使职工的心理发生障碍，甚至引起心身疾病。因此，企业内的人际关系对安全的影响问题已成为安全心理学的一个重要研究课题。

（四）改善人际关系的途径与方法

既然人际关系的好坏对安全生产有重要影响，那么怎样才能搞好人际关系呢？为此，就要分析、认识影响人际关系密切程度的因素。了解了影响人际关系的主要因素，也就找到了调整、改善人际关系的突破口。

1. 影响人际关系密切程度的因素

（1）距离的远近。人与人之间的空间位置越接近，越容易形成彼此之间的密切关系。例如，在同一车床上操作的工人、在同一控制室工作的职工、在同一单元居住的邻居等，比较容易形成密切的关系。但距离的远近只是影响人际关系的因素之一，它不是主要因素，只是在其他条件相同的情况下，这一因素才显示出其作用。并且，在这一因素促成的人际关系中，既有可能形成相互吸引的良好人际关系，也有可能形成相互排斥的不良人际关系。在实际生活中可以看到，有时在空间位置上相近反而更容易产生直接的矛盾冲突，酿成难以解决的争端，如邻里不和、同事间的勾心斗角等。

（2）人际交往的频率与内容。一般来说，人们彼此之间交往的次数越多，越容易形成较密切的关系，因为交往次数越多，越容易形成共同的经验、感受，增加共同语言。交往的频率在形成人际关系的初期具有重要作用。和交往频率相比，交往的内容对于形成密切的人际关系更为重要。对工作、学习、思想、理想、人生等做几次推心置腹的深谈，会比天天见面仅仅是打打招呼、说些无关紧要的应酬话更能加深相互之间的了解，增进友谊。

（3）态度的相似与志趣的相投。人与人之间若对某种事物有相同或相似的态度，有共同的语言，共同的兴趣，共同的志向、理想、信念、价值观念，就容易产生共鸣，形成密切的关系。物以类聚，人以群分，这里"群分"的原因之一就在于彼此有相同的态度或共同的志趣。因此，建立良好的沟通，以形成对事物的共同态度，培养共同的志趣和爱好，是建立和维持良好人际关系的重要条件。

（4）需求的互补性。在物质上、精神上、心理上有相互需求的人之间，容易形成稳定的、密切的人际关系。在现实生活中，除了物质上、精神上的相互需求可以加强人际关系的密切程度之外，心理上的互补性需要也能密切相互关系。例如，一个脾气暴躁的人和脾气随和的人会友好相处，独断专行的人和优柔寡断的人会成为好朋友，活泼健谈的人和沉默寡言的人会结成亲密的伙伴。所以这种表面上看似不可能的事，是因为双方在性格、气质上各有优缺点，彼此之间可以取长补短，互相满足对方的需要。

2. 改善不良的人际关系的途径

（1）增加交往，沟通感情。通过加强交往，增加相互了解，增加融洽气氛，体现相互友好，反映相互关心，产生更多的共同语言。

（2）珍视友谊，增强信任。友谊是人类独有的高级情感，是人际关系的结晶和体现，也是强化良好人际关系的纽带。对相互之间已经形成的友谊，应当共同珍惜、培植，即使有时因某种原因产生误解，也应当本着与人为善的态度及时化解。

（3）共同学习，交换意见。人和人之间对某型事物的看法和态度不可能总是一致的，但通过共同学习，及时交换意见，可以使对方了解自己的看法、态度以及形成的原因，以便消除隔阂，化解矛盾。

（4）互相关心，互相帮助。每一个人在工作、生活、学习中，都难免会遇到挫折和困难，此时，如果能给以安慰、体贴、关心，帮助他解决困难，更容易使人体会到朋友间的温情，即使原来的人际关系不怎么好，也会得到改善。

（5）严于律己，宽以待人。维持、发展良好的人际关系，首先应从自我做起，对自己严格要求，以身作则，言行一致，表里如一。想要得到别人的尊重，首先应该学会尊重别人；要想得到别人的关心、帮助，首先应该去关心、帮助别人。千万不能只要求别人，总觉得别人对不起自己，"宁让天下人负我，不让我负天下人"，不从自己着眼，不愿意克服自己的毛病和缺点的人，不可能形成良好的人际关系。

（6）改变不良行为，陶冶性情。在群体中与人相处，要注意改变自己的不良性格和行为，比如说话时声色俱厉、咄咄逼人、态度傲慢，听到不同意见时一蹦三尺、火冒三丈；有利益时，只顾自己，不顾别人；遇到危险时，畏缩不前，逃之夭夭；工作有差错，推诿别人，浮夸虚张，不干实事；文过饰非，溜须拍马等。

应该特别强调的是，人际关系是人与人之间的事，因此，人际关系的改善也必须双方（或多方）共同努力、共同维持。只有这样，才能真正造成一个有利于安全生产的融洽、和谐的群体气氛。

第三节　安全目标管理的激励

一、安全目标管理概述

由洛克（Edwin Locke）提出的目标设置理论是一种过程型激励理论。此理论的基本要点是，目标是一种强有力的激励，是完成工作最直接的动机，也是提高激励水平的重要过程。

心理学家将目标作为诱因，它是激发动机的外在条件。通过科学研究和工作实践发现，外在的刺激因素如奖励、工作反馈、监督和压力等，均是通过目标来影响人的动机的。因此，重视目标的作用，设置合宜的目标和努力争取实现目标，是激发动机的重要

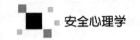

过程。

在一个良性的心理循环中,目标的作用可概括为:导致人们努力去创造绩效,绩效增强人们的自信心、自尊心和责任感,从而产生更高目标的需求,如此循环反复,促使人们不断努力前进。

美国学者德鲁克(Peter Drucker)曾指出:"一个领域没有特定的目标,这个领域必然会被忽视。"这提示设置目标在企业管理中的重要性。20世纪50年代中期,德鲁克明确地提出"目标管理"的概念,把目标作为企业内一切管理活动的出发点和归宿。目标管理作为一种先进的管理激励方法,经几十年的研究、实践,在理论和应用上不断完善,已成为一种科学的管理体系,并在企业管理和安全工作领域广泛应用。我国近十年的实践证明,它在企业安全生产管理中也是一种行之有效的管理激励方法。

把目标管理引入安全工作领域,形成了安全目标管理。安全目标管理是将企业的安全目标渗透到企业的总目标中,应用目标管理的原理和方法,开展一系列的安全管理活动。安全目标管理的本质特点是,强调在企业安全生产活动中重视人和绩效的系统整体管理,即把企业的安全工作任务的安全目标转化为安全目标体系,使每个职工明确自己在安全生产活动中的有关安全的目标,并以目标激发安全动机以指导行动,使企业各层次、各部门的职工在企业安全工作中处于自我控制状态,注重最终的安全目标的实现。

所谓企业安全生产的自我控制,是指企业各部门、基层和职工在安全生产活动中能充分了解自己应该做的工作和要求,充分了解自己的工作现状,当出现差错时,有自我调节的能力。企业各级部门通过目标展开过程,明确安全工作的共同目标及其主次分工,并将目标分解落实到人,分工负责,从而达到自我控制的目的。

安全目标管理是以目标设置理论为依据,广泛吸取科学管理的系统论观点和现代组织理论,重视系统的整体性原则和目标的作用,并将其作为企业组织行为高效运转的关键。

二、企业实行安全目标管理的作用

1. 指引作用

企业一旦确定了安全目标,并层层落实,就促使企业管理部门和职工明确各自的责任和行动方向,围绕着各自的目标统一意志,努力去创造绩效。

2. 激励作用

在安全目标合适时激发职工安全动机,驱使职工积极行动。职工对安全目标的效价越大,期望值越高,激励作用越大。

3. 调节作用

在安全目标管理过程中,整个企业的安全工作和活动围绕着预定的目标有效运转。对实现目标要求的工作,则加以鼓励和积极强化;对不符合目标要求的,则予以控制从而起到调节作用。

4. 监督作用

企业安全目标为有效的安全监察提供了可靠的量化数据，因此，安全目标管理有利于企业的有效监督和控制。

由于安全目标管理重视职工及其绩效的管理，并围绕确定安全目标和实现此目标开展一系列的管理活动，因此，整个过程均涉及人的行为。

三、安全目标管理中应注意的心理因素

1. 目标确定阶段

安全目标的确定和设置是安全目标管理的中心内容也是极其重要的阶段。在此阶段应充分沟通信息、掌握信息，并在提高对企业安全问题的认知水平的基础上，进行企业总的安全目标的拟定，再逐步确定各个分目标和个人目标。此外，这一阶段还应注意下列问题。

(1)目标越具体，就越能使职工为完成目标而进行充分的心理准备，越能激励职工的积极性。在制订安全目标时，应尽量做到量化，并确定明确的目标值，例如，工伤事故频率和严重率的数值水平、百日无事故等。目标抽象化对职工的激励作用则不大。

(2)制订的安全目标要合理适当，目标值太高会使人感到"高不可攀"，目标值太低则会使人感到"轻而易举"，激励作用均不会明显。因此，应建立适宜的目标值，这样不仅可加大职工对完成安全目标的期望值，而且可对职工产生一定的心理压力，具有挑战性，又具有可接受性，从而最大限度调动职工的积极性。

(3)要发动职工参与安全目标的设置。企业安全目标不应单纯由企业领导规定，更不应任意强加于职工，必须让广大职工参与，以提高职工对目标的理解和接受程度。

2. 安全目标实施过程阶段

此阶段应进一步确定为完成目标值的管理方法和要求，并采用各种有效的管理措施(如管理制度、安全技术措施等)和激励手段激励职工。在实施过程中应注意以下几点。

(1)由于设置目标的效果会因时间的推移而逐渐减弱，因此，定期反馈目标执行情况的信息，肯定已取得的成绩，可增加职工的信心，进一步激发职工的安全动机，还可迅速发现问题，把矛盾和冲突解决在萌芽状态。

(2)在目标实施过程中，应重视企业各部门、各班组有关责、权、效、利相统一的原则，以目标定岗、以岗定责、以责定人，以加强自我控制，从而提高职工在实现目标中的协调性和主动性。

(3)在目标实施过程中，要尽力满足职工的合理需要并与企业的总目标协调一致。

(4)在执行安全目标时，要启发和诱导职工为实现目标开展安全竞赛活动，并对职工的绩效及时给予肯定和积极强化。

3. 成果评定阶段

这是安全目标管理的最后一个环节。在目标实施期限结束时,要按安全目标值对企业和下属各部门及职工执行情况和取得的成果进行评定。在评定时,要注重职工的各种心理需要,例如尊重的需要、自我实现的需要和公平合理。因此,无论对企业各部门还是职工执行目标的评定,均应尽量采取定量的方法进行考核评定,并充分考虑完成目标的难易程度、目标责任者的努力程度和绩效,对难以定量的指标,应慎重对待,以免挫伤职工的积极性和创造性。

复习思考题

1. 企业安全管理工作的激励原则有哪些?在实施激励过程中应该注意哪些问题?
2. 人际关系对安全生产有哪些影响?改善人际关系的途径与方法有哪些?
3. 士气对安全工作有哪些影响?如何才能提高企业内群体在安全生产活动中的士气?
4. 什么是安全目标管理激励?如何搞好安全目标管理激励?

第五章

生产环境因素与安全

本章所讨论的生产环境因素主要是指与生产过程密切相关的照明、颜色、噪声与振动、生产环境的微气候条件（如温度、湿度、气压、通风量、风速）等。这些生产环境因素不仅影响着生产的产量、质量以及作业人员的健康，而且常常可能导致事故的发生。下面将从安全心理的角度分析这些生产环境因素对安全的影响及相应的预防对策。

从心理学的角度来说，所谓环境，就是指人的生活场所或影响人的事物的整体或其中一部分。环境又可分为内环境和外环境，内环境是指发生在个体体内的整个过程，外环境是指围绕着主体，并对主体的行为产生某种影响的外界一切事物。外环境又可分为社会环境与物理环境两类，对安全生产都有巨大影响。这里主要讨论与生产过程相关的物理环境，亦即生产环境。

人的行为是与人们对环境的认识相关联的，格式塔学派（又称完形心理学派）心理学家特别重视物理环境作为刺激物在感觉、知觉过程中的作用。他们认为，物理环境对感觉、认知过程产生刺激，对心理状态也会产生重要的影响，这些影响被称为物理环境的感觉特性。这种特性可以认为是人的身体组织，特别是感觉器官对物理环境做出反应的属性。由于人的行为是在环境的空间里进行的，行为的信息可以说是对环境空间的认识，这些信息大部分是依靠视觉获得的。在眼睛可以看到的范围内，首先进行的是根据视觉得来的对客体的知觉。而听觉可以获取眼睛所看不见的信息，可以起到视觉的辅助作用，特别是在安全上，听觉具有引起人们注意的重要作用，例如，从后方传来的汽车喇叭声、岔道口的警铃声、安全警报装置的笛声等。对环境的感知，除了视觉和听觉外，还有嗅觉、味觉以及皮肤感觉得到的触摸觉、压痛觉、振动觉和温度感。物理环境的信息通过这些感觉通道传递到人的大脑，大脑对这些信息进行分析、综合、加工，从而产生一系列的心理过程和相应的行为，例如，环境的温度和湿度，不论过高还是过低，都会给人产生一种不舒服的感觉，从而影响人的情绪，进而影响工效，提高不安全事件的发生率。适宜的温度和湿度给人舒适的感觉，这对提高工效和减少事故发生都是非常有益的。因此，研究环境对人的心理状态的影响时，就必须要重视与人的行为功能有关的物理环境。

生产环境即从事生产活动的外环境，既可以是大自然的环境，也可以是按生产工艺过程的需要而建立起来的人工环境。人的生产环境是重要的物理环境之一。在生产环境里，机器的转动、物体的破碎、矿石的冶炼、金属加热、物质的分解与合成、化学反应、物理变化等，使生产环境中产生诸如高温辐射、噪声、振动、毒物、粉尘等许多职业性有害因素，再加上生产环境中的一些其他因素，如通风、采光照明、色彩等，这些物理环境因素都直接或间接地影响人的心理状态和生理功能，从而影响人们作业的安全性、舒适性和效率。因此，要保证人-机-环系统的安全，有效地进行生产活动，就必须研究生产环境对人心理的影响，并对生产环境加以控制，消除其对心理的不良影响，创造一个舒适的生产环境。

第一节 生产环境的采光、照明与安全

人在进行生产活动时，主要是通过视觉接收外界的信息，并由此做出选择而产生一定的行为。有关研究表明，约有80%的外界信息是通过人的视觉获得的。在生产环境中的光源有两种，一种是自然光（阳光），一种是人造光（灯光）。把室外的阳光用于作业场所的照明，称为采光。人造光主要是指用电光源发出的光，用于弥补自然光的不足，即平常所说的照明。生产环境的采光与照明的好坏直接影响视觉对信息的接收质量，进而影响人在生产过程中的安全心理和安全行为。工作精度、机械化程度越高，对采光与照明的科学要求也越高。

我国大部分地区，每年11月、12月和次年1月三个月中昼短夜长，经常需要人工照明，但照度（指被照物的单位面积上所接受的光通量，单位是勒克斯，lx）值较低。据统计，这一时期事故率较高，照度不良是事故发生的重要原因之一。

国内外的最新研究表明，照明与事故具有相关性。在特定的单元作业中，事故的多少与亮度成反比关系。事故频数高于平均数的单元作业，往往是在亮度较低的场所发生的。例如，在矿山井下，最高事故指数的作业集中在照明不良的凿岩、岩层支护、运输及装载作业上。克鲁克斯（William Crookes）研究指出，在射束亮度、半阴影亮度、底板亮度和环境高度与事故频率的多元回归分析中，井下生产环境越亮，事故频率越低。可见，照明是安全生产的潜在关键因素。又如，对国内一家工厂的调查表明，当照度由20lx增至50lx时，四个月时间，工伤事故的次数由25次降至7次，差错件数由32件降至8件，由于疲

劳而缺勤者从26人降至20人。再如，国外对交通事故的调查也表明，改善道路照明，一般可使交通事故减少20%~75%。而不良的采光和照明，除令人感到不舒适、工作效率下降外，还因操作者无法看清周围情况，容易接收模糊不清甚至是错误的信息并导致错误的判断，很容易发生工伤事故。研究资料表明，环境因素引起的工伤事故中，约有1/4是由于照明不良所致。以上充分说明生产环境的采光和照明对于减少生产事故、保证人-机-环系统的安全具有非常重要的意义。

我国工业生产中既没有充足照明的习惯，在安全事故分析中又极少重视和记录照明因素，这是亟须改进的。

一、与生产环境照明设计有关的视觉机能特点

照明对人的工作效率、安全和舒适的影响主要取决于它对人的视觉机能的心理、生理效应。如在黑暗的环境中，人表现为活动能力降低、忧虑和恐惧；在光线充足或照明良好的环境中，则有积极的情绪体验。因此，必须根据人的视觉特点来设计生产环境的照明。

(一) 视功能

视功能是指人对其视野内的物体的细节进行探测、辨别和反应的功能。视功能常以速度、精度或觉察的概率来定量表示。视功能与照明有很大关系，照明的照度若低于某一阈值，将不能产生视功能；超过某一阈值，开始时，随照度的增加，视功能改善很快，但照度增至一定程度后，视功能改善水平维持不变，即使再增加照度也不能改善视功能。因此，不适当的照度，除浪费能源外，还会产生眩光，造成视觉干扰和混乱，反而使视功能下降。此外，还必须注意光线的方向性和漫射，以避免杂乱的阴影给人造成错觉，使工作发生失误。

(二) 视觉适应

视觉适应是人眼在光线连续作用下感受性发生变化的现象，也即人视觉适应周围环境光线条件的能力。适应可使感受性提高或降低，是人适应环境的心理和生理反应，它包括暗适应和明适应两种。在生产环境中，必须考虑视觉的适应问题。如果作业区和周围环境反差过大，就会出现暗适应或明适应的问题，使工作效率降低，并可造成操作者失误或导致事故。因此，作业区与周围环境的照明、作业的局部照明与一般照明均应有一定的比例。例如，对夜间行车而言，驾驶室及车厢的照明设计应使用弱光，使驾驶员增强适应，以确保安全。

(三) 闪烁

如果光的波动频率足够低，就会从视野(头部和眼球不动时，眼睛看正前方所能看到的空间范围)内某个光源或某个照射面观察到光的波动，这种现象称为闪烁。闪烁会使人感到烦恼，并且使视觉疲劳加剧。

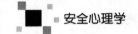

(四) 眩光

当视野内出现过高的亮度或过大的亮度对比时，人就会感到刺眼，影响视度（物体具有一定的亮度才能在视网膜上成像，引起视觉感觉，这种视觉感觉的清楚程度称为视度）。这种刺眼的光线叫作眩光。如晴天的午间看太阳，会感到不能睁眼，这就是亮度过高所形成的眩光使眼睛无法适应之故。

眩光按产生的原因可分为三种，即直射眩光、反射眩光和对比眩光。直射眩光是由眩光源直接照射引起的，与光源位置有关；反射眩光是光线经过一些光滑物体表面反射到眼部造成的；对比眩光是物体与背景明暗相差太大所致。

眩光的视觉效应主要是破坏暗适应，产生视觉后像，使工作区的视觉效率降低，产生视觉不舒适感和分散注意力，易造成视疲劳，长期下去会损害视力。有研究表明，做精细工作时，眩光在20分钟之内就会使差错明显增加，工效显著降低。

二、根据心理特征的照明设计原则

(一) 自然采光

在设计车间建筑物时应最大限度考虑使用自然光，最好采用综合采光，即同时采用侧方、上方的采光。因为单独采用侧方采光或上方采光，都会使室内照度不均匀，既会影响工作效率，又容易发生事故。当自然采光不能满足视觉要求时，应采用人工照明补允。

(二) 适宜的照度和好的光线质量

作业照明应在工作地点与周围环境形成适宜的照度和好的光线质量，这是对照明的一般要求。生产场所的照明分为三种，即自然照明、人工照明和自然及人工混合照明；按范围又可分为全面照明、局部照明以及与局部结合的综合照明。

1. 适宜的照度

有些国家规定，一般照明的照度不小于500lx，全面照明的照度在500～1 000lx时较好。常用的照度标准可参照表5-1。

表5-1　常用的照度标准

环境	照度/lx	环境	照度/lx
晚间的公共场所(室外)	20～50	电子或钟表工业	2 000～5 000
短时间使用的场所(室外)	50～100	微电子工业	7 000～15 000
仓库或过厅	100～200	特种外科手术	15 000～20 000
演讲厅或无精度要求的车间	200～500	铸造车间	500
办公室或正常精度要求的车间	500～1 000	教室、阅览室	700
检验工作、车窗工作	1 000～2 000	理发店	1 000

局部照明和一般照明必须协调，一般照明的照度不应过分低于局部照明，也不应与局

部照明相同,更不允许高于局部照明。一般照明的照度应不低于混合照明(一般照明和局部照明组成的照明)总照度的5%~10%,并且最低照度应不少于20lx。

2. 好的光线质量

物体与背景的对比度、光的颜色、炫光和光源的照射方向均属于光的质量。

(1)对比度。为了看清物体,应使其背景更暗一些,即有一定的对比度。若要识别物体的轮廓,应使对比度尽可能大些,如白纸黑字,白底黄字或红底黑字既不利于识别,也令人厌倦。但在观察物体细小部分时,如识别颜色、组织或质地时,应使物体与背景之间的对比度最小,这时才能看清。

(2)室内作业区照度比。室内作业区与环境照明之比参见表5-2。表中为最大允许限度,若超出限度,会影响工作效率,容易发生事故。对于生产车间、工作面或工件的照度与它们之间的间隙区的照度,二者之比应为1.5:1左右。

表5-2 室内各部分照度比最大允许值

对比特征	办公室	车间
工作区与其周围环境(墙壁、天花板、地板、桌面、机具)	3:1	5:1
工作区与较远周围环境	10:1	20:1
光源与背景之间	20:1	40:1
视野范围内各表面间	40:1	80:1

光源方向十分重要,避免作业面和通道产生阴影,因为作业面和通道的阴影常会造成事故。正确选择照明方向,可消除阴影和反射,在照明设计安装时应予以考虑,如顶光安装的位置应在2α(α为光的入射角)角范围内,α角的大小取25°以下为最好。

(3)防止灯光直射和炫光的产生。在直射式和扩散式照明时,需限制光源亮度,提高灯的悬挂高度和采用带有一定保护角的灯具以及其他防止眩光的措施,如办公桌不宜面对窗户,侧射、背射、半透明窗帘、百叶窗都是避免眩光的好方法。

(三)保证照度的稳定性和均匀性

1. 稳定性

作业照明的电压应不低于其额定电压的98%,电压改变1%,光子流就改变3%~5%,若要使照度稳定,光子流的变化不应超过10%。

2. 均匀性

对于一般工作,如果作业场所较大,对于整个工作面上的照度设计应满足以下条件。

$$\frac{平均照度}{最小(最大)照度} \leq 3 \left(\leq \frac{1}{3} \right)$$

$$\frac{两光源之间间隙地带照度}{光源直接下方照度} \leq 0.5$$

如果照度不稳定（闪烁或忽暗忽明）或分布不均匀，不仅有碍视觉，而且不易分辨前后、深浅和远近，容易影响工效和发生事故。

（四）安全要求

照明设备应符合其他安全措施的要求，如不应有造成电击和火灾的危险，符合用电安全要求，符合事故照明要求等。事故照明的光源应采用能瞬时点燃的白炽灯或卤钨灯，照度不应低于作用照明总照度的10%，供人员疏散用的事故照明的照度应不少于5lx。

第二节　生产环境的色彩与安全

颜色是光的物理属性，人可以通过颜色视觉从外界环境获取各种信息。人类生活的世界色彩斑斓，无论家庭、办公室、服务场所或车间，恰如其分的颜色及其配置，会收到意想不到的效果。事实上，颜色不是可有可无的装饰，鉴于它对人的生理和心理都会产生影响，可以作为一种管理手段，提高工作质量和效率，促进安全生产。

人辨别物体表面的颜色主要取决于光源的颜色、在不同光线照射下，物体表面反射和吸收光线的状况、人眼视网膜上视觉感受器的感光细胞的机能状态。色觉是由不同波长的光线所引起的，不同波长的光具有一定的颜色，在照射到物体表面后，由于分子结构不同，反射和吸收的情况也不同，所以物体呈现不同的颜色。

一、色彩的意义

色彩的感觉在一般美感中是最大众化的美感形式。颜色作用于我们的感觉，引起心理活动，改变情绪，影响行为。"明快"的颜色引起愉悦感，"抑郁"的颜色将会导致不好的心境。人们对色彩的感觉及其评价可能会有些不同，但这种最大众化的美感形式有其共性。正确巧妙地选择色彩，可以改善劳动条件，美化作业环境。合理的色彩环境可以激发工人的积极情绪，消除不必要的紧张和疲劳，从而提高工作效率和有利于安全生产。

色彩的运用必须非常谨慎，色彩选择不当，同样能造成大的危害。如把墙壁和车床漆成低沉的深绿色，并围上黑色的边框，结果造成工人头痛和产生忧郁症。工作环境的色彩必须绚丽多姿，在主色外还应适当采用辅助色，使色彩具有多样性。这样才能减轻工人的疲劳感觉，提高工作效率。使用单一的色彩，即使是生理最佳色彩，也不会获得好的效果。如英国一家纺织厂的厂方希望使用色彩提高劳动效率，就把车间墙壁全部漆成天蓝色，天花板漆成不透明的乳白色。三个月后，发现生产指标并无任何实质性改变。心理学家对此进行研究后发现，虽然大多数人都喜爱天蓝色，并感到体力负荷有所减轻，视觉感觉良好，但蓝色对人的心理作用来说，它属于清冷和消极的颜色，对工人情绪的影响是消极的。因此，车间粉刷太多天蓝色，并不能激励人的劳动热情。可见，在生产环境中若色彩运用不当，将不能起到促进生产和安全的预期效果。

(一) 常见颜色的象征意义

(1) 红色：热烈、喜庆、欢乐、兴奋；使人感到温暖、热血沸腾。而红色太多，亦会令人烦躁不安，引起神经紧张。此外，红色还使人联想到血与火，象征革命、热情。

(2) 橙色：兴奋、华丽、富贵；给人愉快的感觉，使人激动，知觉度增强；使人联想到太阳、橙子、橘子；象征光明、快活与健康。

(3) 黄色：温和、干净、富丽、醒目、明亮；引人注目，令人心情愉快、情绪安定；使人联想到明月、葵花；象征明快、希望、向上。室内家具及墙壁的颜色适合浅黄色。

(4) 绿色：自然、舒适、镇静、安定，减轻用眼疲劳，增强人眼的适应性；使人联想到树和草，象征安全与和平。此外，绿色给人以新春嫩绿的勃勃生机，造成自然美的心理效应。如在医院的病房里常涂以嫩绿色，使之增添活力和生机，鼓励患者与疾病抗争；夏日里，家中卧室中也可用淡绿，增加清新怡人的气氛。

(5) 蓝色：空旷、沉静、舒适，有镇静、降温之效，使人联想高高的蓝天、窑阔的海洋；象征沉着、清爽、清静。此外，蓝色还令人产生纯朴、端庄、稳重、沉静的心理感受。如学生常着"学生蓝"。

(6) 紫色：镇静、含蓄、富贵、尊严，偶尔也令人产生忧郁的情绪；使人联想到葡萄、紫丁香、紫罗兰；象征优雅、温厚、庄重。如许多国家把紫色作为最高官阶服饰用色。

(7) 白色：纯洁高尚、晶莹凝重，对多愁善感的人又意味着忧伤、寒冷；使人联想到白雪、白云、白浪；象征纯洁、明快、清静。如医护人员、售货员等常穿白色工作服，使人产生清洁、幽雅的感觉。白色的反射率很大，也能提高亮度和降低色彩饱和度。

(8) 黑色：庄重、力量、坚实、忠心耿耿；使人联想到煤炭和钢铁；象征沉重、稳重、忧郁。如1916年至1924年美国福特汽车生产的流行全世界的"T"型小汽车，所采用的颜色即是黑色。

(9) 浅灰色：轻松、平和。如正式的西服常用浅灰色。

(二) 颜色中的常见色对生理与心理的作用

正确选择颜色，有益于视觉、生理、心理、工效、安全。通过颜色调节，可以增加明亮程度，提高照明效果；使标识明确，识别迅速，便于管理；使人注意力集中，减少差错、事故，提高工作质量；令人赏心悦目、精神愉快，减少疲劳；使环境整洁、明朗、层次分明，满足人们的审美情趣。颜色中的常见色对生理与心理的作用如表5-3所示。

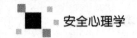

表 5-3 颜色中的常见色对生理与心理的作用

颜色	热烈	兴奋	温暖	轻松	尊严	华丽	突出	接近	富贵	安慰	凉爽	幽雅	干净	安静	沉重	遥远	寒冷	忧郁
红	✓	✓	✓				✓	✓							✓			
橙		✓	✓			✓	✓		✓									
橙黄	✓						✓											
黄	✓	✓	✓	✓			✓	✓					✓					
紫					✓	✓	✓		✓						✓			
紫红		✓			✓	✓			✓									
黄绿				✓	✓								✓					
绿										✓		✓	✓				✓	✓
绿蓝			✓										✓	✓				
天蓝				✓							✓		✓					
浅蓝				✓						✓	✓		✓					
蓝											✓					✓	✓	
白				✓		✓							✓					
浅灰				✓											✓			
深灰																		✓
黑																		✓

二、生产环境的色彩应用

(一)生产环境的色彩应用原则

生产环境的色彩应用要考虑工作特点、颜色意义及其对人的生理和心理的影响等因素。颜色可以构造成赏心悦目的环境,可以创造出庄严,也可以造成色彩缤纷的景致。生产环境的色彩应用时,其基本原则如下。

(1)利用色彩创造最好的视觉条件。

(2)利用色彩使注意力集中。

(3)使用色彩编码。

(4)促进工作场所整洁。

(5)有利于预防生产事故。

(6)有利于减少环境污染因素的不良心理作用。

(二)工作场所色彩设计、应用原则

工作场所的颜色调节是一个将不同色调整合为协调、划一又具有一定意义的颜色系

列，这是一个系统的安排。在配置时要考虑两点：首先，整个布置是暖色还是冷色；其次，要有对比，并能产生适当、协调、渐变的效果。如法国有一家工厂的冲压车间，吸音的天花板为乳白色，墙壁为天蓝色贴面，柱子为浅咖啡色，设备是从上至下渐深的黄绿色，整个车间是冷色调，令人感到安静、稳定、祥和、舒适，美观又协调一致。

1. 运用光线反射率

运用颜色的反射率可以增强光亮，提高照明装备的光照效果，节省光源。与此同时，使光照扩散，室内光线较为柔和，减少阴影，避免炫目。从生理、心理角度上来说，最佳的色彩是浅绿、淡黄、翠绿、天蓝、浅蓝和白、乳白色等，能达到明亮、和谐的效果。室内的反射率在各个方位并不是完全一样的，如天棚、墙壁、地板等依次减弱，可按表5-4建议数据进行设计。

表5-4 室内反射率的分配建议

方位	天棚	墙	地板	机器和设备
反射率/%	70~80	50~60	15~20	25~30

2. 合理配色

室内的颜色不能单调，否则会产生视觉疲劳。采用几种颜色且使明度从高至低逐层减弱，使人有层次感与稳定感。一般上方应设置较明亮的颜色，下方可设置得暗些。若不是按这种方式进行颜色组合，会产生头重脚轻的负重感，导致作业人员疲劳。

颜色的选用，应与工作场所的用途与性质相适宜。颜色的应用可借人的视错觉来突出或掩盖工作场所的特征，改变对房间的印象。如对面积大但天棚较低的室内配色时，要注意天棚在视野内占的比例相当大，可将天棚涂以白色或淡蓝色，令人产生在万里晴空之下的广阔感，千万不能涂灰色，即使是浅灰色，否则有如在万里乌云之中，令人压抑。合理利用色觉特性可以使小房间显得大些（如明亮的颜色）、天棚显得高些（如反射率大的颜色）、狭长变得宽些（如明度高的冷色系颜色）等。

3. 颜色特性的选择

（1）明度。任何工作房间都要有较高的明度。由于人眼的游移特性，常会离开工作面而转向天花板、墙壁等处，假若各区间的明度差异很大，视觉就会进行自身的明暗调节，致使眼睛疲劳。

（2）彩度。彩度高将给人眼以强烈的刺激，令人感到不安。天棚、墙壁等用色不宜彩度过高，除非是警戒色，一般在设计时都要避免使用彩度高的颜色。

（3）色调。春夏秋冬四季的变化，给颜色调节带来了自然的契机，工作与生活的空间可以根据变化而适时地调节。色调的选择必须结合工作场所的特点和工作性质的要求。如应考虑如何恰当地改变人们对温度、宽窄、大小、情绪、安全、舒适、疲劳等的心态，以及某些影响生理过程的需要。表5-5是某些工作场所颜色调节的应用实例，可供参考。

表 5-5 工作场所颜色调节应用实例

场所	方位			
	天棚	墙壁	墙围	地板
	标准色①			
冷房间	4.2Y9/1	4.2Y8.5/4	4.2Y6.5/2	5.5YR5.5/1
一般	4.2Y9/1	7.5GY8/1.5	7.5GY6.5/1.5	5.5YR5.5/1
暖房间	5.0G9/1	5.0G8/0.5	5.0G6/0.5	5.5YR5.5/1
接待室	7.5YR9/1	10.0YR8/3	7.5GY6/2	55YR5.9/3
交换台	6.5R/2	6.0R8/2	5.0G6/1	5.5YR5.5/1
食堂	7.5GY9/1.5	6.0YR8/4	5.0YR6/4	5.5YR5.5/1
厕所	N9.5	2.5PB8/5	8.5B7/3	N8.5
更衣室	5Y9/2	7.5G8/1	8BG7/2	N5
车间	7.5GY9/2	7.5GY8/2	10GY5.5/2	—
办公室	7.5GY9/2	7.5GY8.5/2	7.5GY7.5/2	—
诊疗所	N9	6.5B8/2	5YR6/3	—
走廊	7.5GY9/2	7.5GY9/2	7.5YR7.5/3	—

注：①标准色是根据孟塞尔(A. H. Mnnsell)颜色立体模型定义的，其标示方法为 HV/C(色调明度/彩度)。例：标号为 10Y8/10 的颜色，是色调介于 Y 与 GY 的中间，明度值为 8，彩度为 10 的颜色。

(三)机器设备用色

机器设备用色的问题在厂房竣工进行室内装饰时就应同时考虑。机器设备的主要部件、辅助部件、控制器、显示器的颜色应按规范的要求来配色，尤其主要部件和可动部分应涂以特殊颜色，使其在机器的一般背景上凸现出来，同时将高彩度颜色布置在需要特别注意的地方。这是防止误操作的一个具体措施。机器设备用色具体应注意以下几点要求。

(1)与设备的功能相适应。如医疗设备、食品工业和精细作业的机械，一般用白色或奶白色。一般工业生产设备外表和外壳宜采用黄绿、翠绿和浅灰等色。国外有学者主张采用驼色，驼色已成为国际机器设备、工作台和面板的流行色彩。

(2)与环境色彩协调一致。如军用机械、车辆为了隐蔽，常用绿色或橄榄绿色。

(3)危险与示警要醒目。如消防设施大都用大红色，彩度较高。

(4)突出操纵装置和关键部位。按钮、开关、加油处等均应使用不同的色彩编码，为操作方便创造条件。如绿色按钮表示"启动"，红色按钮表示"停止"等。

(5)显示装置要异于背景用色，引人注目，以利识读。

(6)异于加工材料用色。长时期加工同一种颜色的材料，若材料颜色鲜明，机器则配灰色；若材料颜色暗淡，机器则配鲜明色彩。装置与装饰机器设备时，宜将劳动和工作场地的具体条件相协调作为出发点，考虑有关环境、设备的配置，符合劳动的性质及特定作业程序。

(四)工作面用色

工作面的颜色取决于其加工对象的颜色,如上述"机器要异于加工材料用色",形成颜色对比,加强视觉识别能力。若背景与加工物件色彩相近,则不易辨认。因此,加工物件、机器、工作台面的色彩与亮度必须有显著的差异,使作业人员的注意力集中,易于辨别细小部件。如在纺织厂,机器和纺织品在色彩上要有明显差别,以使工人发现织物上的毛疵,保证产品质量。

(五)标志用色

标志作为一种特殊的形象语言,旨在传递信息。颜色编码是这种信息传递的重要方式。在交通与生产等方面,各种颜色所表示的一般含义如下。

(1)红色:表示停止、禁止、高度危险、防火,如机器上的紧急按钮、禁止吸烟、危险标志色、消防车及其用具等。

(2)橙色:表示危险色,工厂里常涂在齿轮的外侧面,引起注意。航空障碍塔和海上救生船等一般均涂橙色。

(3)黄色:明视觉灯,可唤起注意,用于要求小心行动的警示信号,如推土机等工程机械用此配色,黄与黑相间的条纹,效果更佳。

(4)绿色:表示安全、正常运行,如紧急出口、十字路口的绿灯。

(5)蓝色:表示警惕色,如修理中的机器、升降机、梯子等的标志色。

(6)红紫色:放射性危险的标志色。

(7)白色:表示道路、整理、准备运行,还用作三原色的辅助颜色。

(8)黑色:用作文字、符号、箭头等标记,还用作白色、橙色的辅助色。

上述颜色的含义具有普遍意义,正确选用有利于信息的显示与传递,使人一目了然。常用管道颜色标志示例如表5-6所示。

表5-6 常用管道的颜色标志示例

管道类型	颜色	标准色	管道类型	颜色	标准色
水	青	2.5PB5/6	酸	橙	—
汽	深红	7.5B3/6	碱	紫	2.5PB5/5
空气	白	N9.5	油	褐	7.5YR5/6
氧	蓝	—	电器	浅橙	2.5YR7/6
煤气	黄	2.5Y8/12	真空	灰	—

(六)业务管理用色

借助颜色,可以提高工作效率,减轻工作人员的疲劳。如做带有颜色卡片的分类工作,比做不带颜色的卡片分类工作可相应缩短时间40%;对标有颜色刻度的作业,时间可缩短26%。为了快速传递、交流、反馈信息，可将颜色运用于文件、图形、卡片、证件以及符号、文字之中，易于辨识。生产与运作管理中也可利用颜色表明作业进度，如甘特图或网络图的有色标识，令人一目了然。

有的工厂办公室设置了三色示意盘：红色表示工作紧张、繁忙，绿色表示正常工作状态，黄色则意味着等待新任务。文书工作时可将文件夹各夹层贴上不同颜色的标签，便于识别、利用。诸如此类的实际用色，数不胜数。

此外，在城市建设、交通运输、公共场所和社会服务等方面，时时处处离不开颜色。如现代医院手术室内的工作装一改以往的纯白色调，转为灰蓝或粉白，色彩柔和，可以稳定患者的情绪。有些特殊的病房还将白色演绎为粉色，以改变患者心态，有利于患者恢复健康。有的儿童医院候诊大厅的墙壁上绘满了森林绿树、红花、绿草，也能调节患病儿童的情绪，产生一种精神力量。

值得注意的是，不同的组织或业务系统，颜色的使用会有不同的含义。但在同一系统中，应该使用统一的颜色编码系统，以防由于对信息标识误认导致错误的判断。在管理工作中，巧用颜色调节手段，会对提高工作效率、提高管理水平很有成效。

(七) 其他方面用色

色彩的不同特性可在某种程度上从心理上减轻对环境因素的不良感受，但不能从根本上改善劳动条件。下述心理学方法只能在环境条件接近卫生标准时才能起作用。

(1) 若选择饱和度高、明度低的色彩(如红色、青紫色)，可在某种程度上减轻空气中毒物和粉尘污染的不良感觉。

(2) 运用色彩的"冷""暖"特性，可以"改变"对室内温度的感觉，如高温车间的墙壁、顶棚以及工作服均应选择具有高反射系数的浅淡颜色。

(3) 在噪声较大的车间要避免明度高的色彩，采用明度低的色彩可减轻噪声的某些不良作用。

(4) 在全面机械通风系统的送风口挂上彩色纸带，让纸带随风飘舞，可减低工人对通风系统的烦闷感觉。

总之，色彩不仅可以美化环境，也是影响工作效率与安全生产的一个重要因素。随着人们对色彩认识的逐步深化，对色彩的开发利用也必将更加广泛。

第三节 生产环境的噪声、振动与安全

一、生产环境中的噪声与安全

噪声通常是指一切对人们生活和工作有妨碍的声音，或者说凡是使人烦恼的、讨厌的、不愉快的、不需要的声音都叫噪声。噪声与人们的心理状态有关，不单独由声音的物理性质决定。同样的声音，有时是需要的，而有时便成为噪声。本节主要从噪声与安全的关系角度讨论噪声。

（一）噪声的分类

按不同的分类标准，对噪声有不同的分类，常见的分类有三种。

1. 按噪声源的不同特性分类

（1）工业噪声：工业生产产生的噪声。工业噪声按其产生方式不同又可分为以下三类。

1）空气动力性噪声：由于气体压力发生突变产生振动发出的声音，如鼓风机、汽笛等发出的声音。

2）机械性噪声：由于机械的转动、撞击、摩擦等而产生的声音，如风铲、车床、织布机、球磨机等发出的声音。

3）电磁性噪声：由于电磁交变力相互作用而产生的声音，如发电机、变压器等发出的声音。

（2）交通噪声：车辆行驶过程中产生的噪声。

（3）社会噪声：社会活动和家庭生活引起的噪声。

2. 按照人们对噪声主观评价的不同分类

（1）过响声：很响的使人烦躁不安的声音，如织布机的声音。

（2）妨碍声：声音不大，但妨碍人们的交谈、学习。

（3）刺激声：刺耳的声音，如汽车刹车音。

（4）无形声：日常人们习惯了的低强度噪声。

3. 按噪声随时间变化的特性分类

（1）稳定噪声：声音强弱随时间变化不显著，其波动小于 5 dB。

（2）周期性噪声：声音强弱呈周期变化。

（3）无规律噪声：声音强弱随时间无规律变化。

（4）脉冲噪声：突然爆发又很快消失，持续时间小于 1 秒，间隔时间大于 1 秒，声级变化大于 40 dB 的噪声。

（二）噪声的评价指标及允许标准

噪声对人的危害主要取决于噪声特性，因此引出了许多评价方法、指标和控制标准。噪声控制标准一般分为三类：第一类是基于对劳动者的听力保护而提出来的，我国《以噪声污染为主的工业企业卫生防护距离标准》就属于此类，它以等效连续声级、噪声暴露量为指标；第二类是基于降低人们对环境噪声的烦恼程度提出来的，我国的《声学 机动车辆定置噪声声压级测量方法》就属于此类，此类标准以等效连续声级、统计声级为指标；第三类是基于改善工作条件，提高作业效率而提出的，如《声环境质量标准》，该类标准以优选语言干扰级、噪声评价数等为指标。下面简要介绍几个噪声评价指标。

1. 等效连续声级

A 声级较好地反映了人耳对噪声频率特性和强度的主观感觉，它是一种较好的连续稳定的噪声评价指标。但经常遇到的是起伏的不连续的噪声，这就很难测定 A 声级的大小，为此需要用接触噪声的能量平均值来表示噪声级的大小。等效连续声级的定义为，在声场某一定位置上，用某一段时间能量平均的方法，将间歇出现变化的 A 声级，用一个 A 声级来表示该段时间内噪声级的大小。

2. 统计声级

街道、住宅区的环境噪声和交通噪声往往是不规则的、大幅度变动的，为此常用统计声级来表示。统计声级是指某一段时间内 A 声级的累计频率的百分比。如 L10 = 70dB(A) 表示整个统计测量时间内，噪声级超过 70dB(A) 的频率占 10%；L50 = 60dB(A) 表示噪声级超过 60dB(A) 的频率占 50%；L90 = 50dB(A) 表示噪声级超过 50dB(A) 的频率占 90%。实际上，L10 相当于峰值平均噪声级，L60 相当于平均噪声级，L90 相当于背景噪声级。一般测量方法是选定一段时间，每隔 5 秒读取一个值，然后统计 L10、L60、L90 等指标。如果噪声级的统计特征符合正态分布，那么等效连续声级与统计声级之间存在固定的相关关系。

3. 优选语言干扰级

由于 0.5 Hz~2 kHz 的频率范围的噪声对语言干扰最大，因此选取 500 Hz、1kHz、2kHz 中心频率的声压级的算术平均值评价噪声对语言的干扰程度，称为优选语言干扰级。根据优选语言干扰级可以确定语言交流的最大距离，见表 5-7。

表 5-7 语言干扰级与语言交流的最大距离

语言干扰级/dB	最大距离/m		语言干扰级/dB	最大距离/m	
	正常	大声		正常	大声
35	7.5	15.0	55	0.75	1.50
40	4.2	8.4	60	0.42	0.84
45	2.3	4.6	65	0.25	0.50
50	1.3	2.4	70	0.13	0.26

4. 噪声暴露量（噪声剂量）

人在噪声环境中工作，噪声对听力的损害不仅与噪声强度有关，而且与噪声暴露时间有关。噪声暴露量综合考虑噪声强度与暴露时间的累积效应。

5. 噪声评价数

对于室内活动场所的稳态环境噪声，国际标准化组织推荐用 NR 曲线来评价噪声对工作的影响。NR 曲线的具体求法是，对噪声进行倍频程分析，一般取 8 个频带（63~8 000

Hz)测量声压级,根据测量结果在 NR 曲线上画频谱图,在该噪声的 8 个倍频带声压级中找最高的一条 NR 曲线之值,即为该噪声的评价数 NR。噪声评价数 NR 曲线对于控制噪声也很有意义,如标准规定办公室的噪声评价数为 NR30,那么室内环境噪声的倍频带声压级均不能超过 NR30 曲线。

为了保护劳动者的身心健康,在技术条件允许和符合经济原则的条件下,应该将工业企业的噪声控制得越低越好。我国医学界、劳动保护部门、环境保护部门等单位经过长期的调查研究,制定了我国《工业企业噪声卫生标准》(试行草案)。它规定了工业企业的生产车间和作业场所的工作地点噪声标准为 85dB(A),现有工业企业经努力暂时达不到标准时,可以适当放宽至 90dB(A);还规定每天工作 8 小时允许连续噪声的噪声级不得超过 85dB(A),如果时间减半,允许噪声声级提高 3dB(A),即 88dB(A),但是不论暴露时间多长,最高限度为 115dB(A)。

(三)噪声的控制

1. 控制噪声源

控制噪声源是消除与降低噪声的根本措施。首先应研制和选择低噪声的设备,改进生产加工工艺,提高机械设备的加工精度和安装技术,使发声体变为不发声体,或发出的声音减小。实践证明,通过改革生产工艺来控制声源的办法是有效的,如用油压打桩机取代气压打桩机,噪声强度可下降 50dB。另外,封闭噪声源也是消除噪声的一个有效途径,常用隔音材料将噪声源限制于局部范围,将噪声源与周围环境隔离。

2. 控制噪声传播

(1)合理布局厂区。在新建或扩建、改造老厂房时,应充分考虑噪声对周围环境的影响,噪声车间应远离行政办公场所与居民区,周围建隔声墙、防护林、草坪,建筑物内墙、天花板、地面等处可装上性能良好的吸声材料。

(2)控制噪声传播途径的措施。

1)吸声。用多孔吸声材料做成一定结构,安装在室内墙壁上或吊在天花板上,吸收室内的反射声,或安装在消声器或管道内壁上,增加噪声的衰减量。多孔吸声材料多以玻璃棉、矿渣棉、聚氨酯泡沫塑料等加工成木屑板、甘蔗纤维板、吸声砖等,一般可以降低室内噪声 6~10dB(A)。

2)隔声。采用隔声性能良好的墙、门、窗、罩等,把声源或需要保持安静的场所与周围环境隔绝起来。在吵闹的车间内,为了保证工人不受干扰,可以开辟一个安静的环境,如建立隔音操作间、休息室等,也可以用隔音间、隔音罩将产生噪声的机器密封起来,降低声源辐射。

3)消声。在产生噪声的设备上安装消声器,可以消除机械气流噪声,使机械设备进出气口噪声降低 25~50dB。

4)隔振与减振阻尼。隔振就是在机械设备下面安装减振器或减振材料,以减少或阻止振动传到地面。常用的减振器有弹簧类、橡胶类、软木、毡板、空气弹簧和油压减振器等。减振阻尼就是用阻尼材料涂刷在薄板的表面，以减弱薄板的振动，降低噪声辐射。常用沥青、塑料、橡胶等高分子材料做阻尼材料。

3. 个体防护

要加强对接触噪声工人的教育，使其认识噪声对人体的危害，并传授有关个体防护用品的使用方法。护耳器是个体防护噪声的常用工具，主要种类有耳套、防声棉、耳罩、帽盔等，一般用软橡胶或塑料等材料制成。不同材料不同种类的护耳器对不同频率噪声的衰减作用不同，具体见表5-8，应该根据噪声的频率特性选择合适的防护用品。

表5-8 不同护耳器对不同频率噪声的衰减作用   dB

护耳器种类	噪声频率/Hz						
	125	250	500	1 000	2 000	4 000	8 000
干棉毛耳塞	2	3	4	8	12	12	9
湿棉毛耳塞	6	10	12	16	27	32	26
玻璃纤维耳塞	7	11	13	17	29	35	31
橡胶耳塞	15	15	16	17	30	41	28
橡胶耳套	8	14	2	34	36	43	31
液封耳塞	13	20	33	35	38	47	31

（四）音乐调节

好的音乐环境能使劳动者减少不必要的精神紧张，缓解单调感和精神疲劳，掩蔽噪声，避免烦恼，提高作业效率。需要指出的是，音乐调节对保护人的听力不起任何作用，仅是一种心理缓解。

1921年，美国的盖特伍德（E. L. Gatewood）成功地用音乐使建筑业的制图工作效率提高。第二次世界大战时，为了使工业生产增产，产生了背景音乐和产业音乐。其中，英国BBC播放的 *Music While You Work* 获得好评。1943年，美国的MUZAK公司开始发行背景音乐；1960年，日本也创作了产业音乐曲目。

为了取得良好的掩盖作用，应根据噪声强度调节音量。强度低时，音乐的声级要比噪声高3~5 dB(A)；强度高于80 dB(A)时，音乐声级要比噪声低3~5dB(A)。由于人耳对乐曲旋律的选择作用，强度较低的乐曲反而掩盖了强度较高的噪声。

构成音乐的六要素是响度、音调、音色、节奏、旋律和速度。为了使音乐产生良好的心理效果，一般情况下，响度变化在±10 dB以内；音调为100~6 000 Hz的低音调；音色以弦、木管、钢琴和节奏性乐器的和声与和音为主，避免歌唱性、打击乐和铜管乐的音色；节奏要单调柔和；旋律以明快平稳的快乐气氛为主，避免起伏过大有刺激性；速度以每分钟（60±10）拍左右为主的轻快型。这样的音乐一般称为气氛音乐。对于作业车间应主要考虑速度的适宜性,节奏与旋律稍提高刺激性;若是办公室,应考虑节奏的适宜性,稍增加抑制性;若是商店、医院,应考虑旋律为主,商店可以增加刺激性,而医院则应充分考虑抑制性。

日本早稻田大学横沟克己教授根据实验提出,车间以体力劳动为主,不需要强调注意力时,以节奏柔和、速度较快而轻松的音乐为好;而单调乏味的工作,应让作业者听一些有娱乐性的音乐。相反,需要集中注意力的工作场所,应尽量配以节奏单调柔和、旋律平稳、不分散注意力的音乐;脑力劳动时,则应以速度稍慢、节奏不明显、旋律舒畅和平静的音乐为好。

音乐不能从上班开始连续播放,因为,首先同一内容的音乐会使人腻烦;其次,在一周内根据作业播放一些内容不同的音乐是比较困难的。根据横沟的实验,对于手工作业,上午上班不久,作业者尚未出现疲劳,即使播放音乐也不能明显提高作业效率;但在夜班,即便是轻松的工作,播放音乐后作业效率也可增加17%。一般白天播放时间约为作业时间的12%,夜班以约占作业时间的50%为宜。音乐内容要适合大多数作业者的喜爱,然而根据实验,对不同工种,同一内容音乐的作用是不同的。

二、生产环境中的振动与安全

(一)振动对人的心理影响

振动对人的心理的影响与振动的基本物理参量(如频率、振幅等)有一定联系,主要是影响认知能力和运动协调能力,从而影响工效和安全。

1. 对视觉认知能力的影响

振动的物体,振幅较大时,由于视野抖动不稳定,会影响视觉准确度和仪表认读的正确率。振动频率为 3~4 Hz 时,人眼肌的调节能力失调,物体在人眼底视网膜的成像开始模糊,使视觉的准确性下降,并随着振动频率增加继续下降。人体接触振动时,人的视觉认知能力也有类似的现象,尤其是振动频率与人的头部、眼睛的固有频率接近时,共振所致的视认知能力下降会更加明显。振动频率为 8~10 Hz 时,由于头部、颈部共振引起眼球被动运动,视力下降;振动频率高于 20~25 Hz,可引起眼的共振(眼球固有频率为 18~50 Hz)。

2. 对人的运动操作能力的影响

振动可使人的运动操作能力降低,在实际作业中,常见于飞机驾驶员、雷达站工作人员等的操作。低于 20 Hz 的振动,运动操作工作效率的降低与传递到机体的振动强度有关,振动越强烈,工效越低下。研究结果表明,低频率(5~25 Hz)、低加速度(0.2~0.3 g)的振动,能降低人从事某些精密控制作业的效能。振动的方向对不同方向的操纵活动也有影响。振动的振幅越大,对追踪操作能力的影响也越大。实验结果表明,受垂直振动的人,其手眼协调动作时间随着振动频率的变化而变化,尤其在 3 Hz 时,此种手眼协调能力下降较明显。此外，有人认为，在振动环境条件下，人的追踪操纵能力下降与人的视敏度下降也有着一定的关系。

3. 振动对信息加工能力的影响

一些研究结果表明，振动对人的信息加工能力影响不大。但有些学者认为，振动对信息加工能力的影响主要是干扰了视觉，从而影响知觉。虽然如此，有的研究者指出，5 Hz、低加速度的垂直振动有助于长时间从事监视工作的人员保持警觉。

4. 振动对人的舒适性的影响

当全身振动频率低于 1 Hz、加速度小于 0.3 g 时，对人有一定的松弛作用，但随着振动频率和加速度增高，人体会有不适感。在 2～20 Hz、1 g 加速度时，最常见的症状有眩晕、恶心、呕吐、平衡失调等。实验结果也证明，受垂直振动时，人的平衡能力降低，而且与振动频率有一定的关系。

（二）振动的分类

振动对人的影响分为局部性和全身性两种。局部振动是手持工具的振动，操纵器对手、脚的振动。全身性振动是通过人体的支撑面，如脚或座位传到人体全身的振动。乘坐飞机、火车时人体受到的振动属于全身振动。

1. 全身振动具有更大的影响

人体是一个弹性系统，身体各部位都有较固定的共振频率，当脏器发生强烈共振时，会受到伤害，功能被破坏，甚至被撕裂。汽车司机常患有胃等脏器下垂、消化不良等症，就与受车辆振动伤害有关。在航天事业中，防止全身性振动更具有重要的意义。

2. 局部振动最为普遍

长期接触振动工具可引起神经系统、血管、骨骼及软组织功能改变或器质性改变。振动病（也叫雷诺氏综合征）已成为冶金工业中危害较大的八种职业病之一。患者症状为手麻、发僵、疼痛、四肢无力、关节痛及神经衰弱综合征等。

（三）振动的防护

在日常生产过程中，接触振动的作业很多，而且振动对人体的危害比较严重，所以必须采取相应的措施，消除或减少振动，降低作业人员的职业病发病率。

1. 劳动组织措施

制定合理的劳动制度，适当安排工间休息，尽可能实行轮换工作制，不连续使用振动工具，经常保养和维修机器，使之处于正常工作状态。另外，新工人上岗前应进行技术培训，熟练操作工具。

2. 技术措施

改革工艺设备和操作方法，提高作业的自动化程度，用新工艺、新方法取代传统工艺，如采用液压机、焊接、高分子黏合剂等新工艺代替风动工具铆接。尽可能采取减振措施，如改变风动工具的排风口方向、对一些机器设备安装减振装置等。固定设备的总体减振目的是防止物体振动在固体中传递，方法是在设备下加减振器。为了预防全身振动，建筑厂房时要建防振地基，振动车间应建在楼下。由于寒冷可诱使振动病发作，所以振动车间温度应该保持在 16 ℃以上。

3. 卫生保健措施

实行作业前体检，凡患有中枢神经系统疾病、明显的植物神经功能失调、各种血管病变、心绞痛、高血压、心肌炎等疾病者不宜从事振动作业。从业人员也应定期体检，以便早期发现振动引发的病变，对于反复发作并逐渐加重的人员应调离。

合理使用劳动保护用品，加强个人防护。工作时佩戴双层衬垫无指手套或防振弹性手套，既可减振，又可以达到手部保暖的目的。

第四节 生产环境的微气候条件与安全

研究生产环境的微气候条件，主要是为了保障人在生产过程中的热平衡，使劳动者的身心愉悦，具有较高的工作效率，达到安全生产。生产环境的微气候条件主要是指工作场所空气的温度、湿度和流速，这三个参数分别反映了热量传递的对流、蒸发和辐射三种途径。

一、人体的热交换与平衡

人的体温一般波动很小，为了维持生命，人体要经常对 36.5 ℃的目标值进行自动调节。人体通过新陈代谢不断地从摄取的食物中制造能量，这些能量除用于生理活动和肌肉做功外，其余均转换为热能。人要保持体温，体内的产热量应与对环境的散热量及吸热量平衡。如果达不到这种平衡，则要随着散热量小于或大于产热量的变化，体温上升或下降，使人感到不舒服，甚至生病。人体的热平衡方程式为：

$$S = M - W - H$$

式中，S 表示人体单位时间贮热量；M 表示人体单位时间能量代谢量；W 表示人体单位时间所做的功；H 表示人体单位时间向体外散发的热量。

当 $M > W + H$ 时，人感到热；当 $M < W + H$ 时，人感到冷；当 $M = W + H$ 时，人处于热平衡状态，此时，人体皮肤温度在 36.5 ℃左右，人感到舒适。

人体单位时间向外散发的热量取决于人体的四种散热方式，即辐射、对流、蒸发和传导热交换。

人体单位时间辐射热交换量，取决于热辐射的强度与面积、服装热阻值与反射率、平均环境温度和皮肤温度等。

人体单位时间对流热交换量，取决于气流速度、皮肤表面积、对流传热系数、服装热阻值、气温及皮肤温度等。

人体单位时间蒸发热交换量，取决于皮肤表面积、服装热阻值、蒸发散热系数及相对湿度等。蒸发散热主要是指从皮肤表面出汗和由肺部排出水分的蒸发作用带走热量。在热环境中，增加气流速度、降低湿度，可加快汗水蒸发，达到散热目的。

人体单位时间传导热交换量取决于皮肤与物体温差和接触面积的大小及传导系数。不知不觉的散热可能对人体产生有害影响，因此，需要用适当的材料构成人与物接触点（桌面、椅面、控制器、地板等）。

二、人体对微气候环境的主观感觉

衡量微气候环境的舒适程度是相当困难的，不同的人有不同的评价。一般认为，"舒适"有两种含义，一种是指人主观感到的舒适；另一种是指人体生理上的适宜度。比较常用的是以人主观感觉作为标准的舒适度。人的自我感觉的舒适度与工作效率有关。

1. 舒适的温度

人主观感到舒适的温度与许多因素有关。从客观环境来看，湿度大，风速小，则舒适温度偏低；反之则偏高。从主观条件看，体质、年龄、性别、服装、劳动强度、热习服（人长期在高温环境下生活和工作，相应习惯热环境）等均对舒适温度有重要影响。因此，在实践中，舒适温度是指某一温度范围。生理学上常用的规定是：人坐着休息，穿着薄衣服，无强迫热对流，未经热习服的人所感到的舒适温度。按照这一标准测定的温度一般是(21 ± 3)℃。影响舒适温度的因素很多，主要有：季节（夏季偏高，冬季偏低）、劳动条件、衣服（穿厚衣服对环境舒适温度的要求较低）、地域（人由于在不同地区的冷热环境中长期生活和工作，对环境温度习服不同；习服条件不同的人，对舒适温度的要求也不同）、性别、年龄等。一般女子的舒适温度比男子高0.55℃；40岁以上的人比青年人约高0.55℃。

2. 舒适的湿度

舒适的湿度一般为40%~60%。在不同的空气湿度下，人的感觉不同。温度越高，高湿度的空气对人的感觉和工作效率的消极影响越大。有关研究证明，室内空气湿度Φ(%)与室内气温t(℃)的关系为：

$$\Phi = 188 - 7.2t\,(12.2 < t < 26)$$

3. 舒适的风速

在工作人数不多的房间里，空气的最佳速度为0.3 m/s，而在拥挤的房间里为0.4 m/s。室内温度和湿度很高时，空气流速最好是1~2 m/s。有关工作场所风速可参阅采暖通风和空调设计规范。

三、微气候环境的综合评价

研究微气候环境对人体的影响，不能仅考虑其中某个因素，因为人进入作业场所时，要受温度、湿度、风速和热辐射等多种因素的综合影响。因此，要综合评价微气候环境。目前，评价微气候环境有四种方法或指标。

1. 有效温度(感觉温度)

有效温度是美国采暖、制冷和空调工程师协会研究提出的，是根据人在不同的空气温度、湿度和空气流速的作用下产生的温热主观感受所制定的经验性温度指标。已知干球温度、湿球温度和气流速度，就可以根据有效温度图求出有效温度。此指标使用比较方便，其缺点是在一般温度条件下过高估计了高湿度的影响，而在高温情况下又低估了风速、高温度的不利作用。当有效温度高时，人的判断力会减退。当有效温度超过32 ℃时，作业者读取误差增加；到35 ℃左右时，误差会增加4倍以上。不同作业种类的有效温度参见表5-9。

表5-9　不同作业种类的有效温度

作业种类	脑力作业	轻作业	体力作业
舒适温度/℃	15.5～18.3	12.7～18.3	10.0～16.9
不适温度/℃	26.7	23.9	21.1～23.9

2. 不适指数

不适指数是由纽约气象局1959年发表的一项评价气候舒适稳度的指标，它综合了气温和湿度两个因素。不适指数可用下式计算。

$$DI = (t_d + t_w) \times 0.72 + 40.6$$

式中，DI 表示不适指数；t_d 表示干球温度；t_w 表示湿球温度。

据日本学者研究认为，日本人感到舒适的气候条件与美国人有所区别。表5-10为美国人和日本人对不同的不适指数的不适主诉率。

表5-10　美国人和日本人对不同的不适指数的不适主诉率

不适指数	不适主诉率/%		不适指数	不适主诉率/%	
	美国人	日本人		美国人	日本人
70	10	35	79	100	70
75	50	36	86	难以忍耐	100

通过计算各种作业场所、办公室及公共场所的不适指数，就可以掌握其环境特点及对人的影响。但不适指数的不足之处是没有考虑风速。

3. 三球温度指数(WBGT)

它是指用干球、湿球和黑球三种温度综合评价允许接触高温的阈值指标。

当处于气流速度小于 1.5 m/s 的非人工通风条件时，采用下式计算。

$$WBGT = 0.7WB + 0.2GT + 0.1DBT$$

当处于气流速度大于 1.5 m/s 的人工通风条件时，采用下式计算。

$$WBGT = 0.63WB + 0.2GT + 0.17DBT$$

式中，WB 表示湿球温度；GT 表示黑球温度；DBT 表示干球温度。

若操作场所和劳动强度在时间上是不恒定的，则需计算时间加权平均值。

关于 WBGT 的允许热暴露阈值，ISO 7243—1982(E) 只提出了一个参考值。美国工业卫生委员会推荐的各种不同劳动休息制度的三球温度指数阈值参见表 5-11。

表 5-11 不同劳动休息制度的三球温度指数阈值 ℃

劳动休息制度	劳动强度			劳动休息制度	劳动强度		
	轻	中	重		轻	中	重
持续劳动	30	26.7	25.0	50%劳动，50%休息	31.4	29.4	27.9
75%劳动，25%休息	30.6	28.0	25.9	25%劳动，70%休息	32.4	31.1	30.0

4. 卡他度

卡他温度计是一种测定气温、温度和风速三者综合作用的仪器。卡他度一般用来评价劳动条件舒适程度。卡他度可通过测定卡他温度计的液柱由 38 ℃降到 35 ℃时所经过的时间而求得，其计算公式如下。

$$H = F/t$$

式中，H 表示卡他度；F 表示卡他计常数；t 表示由 38 ℃降至 35 ℃所经过的时间。

卡他度分为干卡他度和湿卡他度两种。干卡他度包括对流和辐射的散热效应。湿卡他度则包括对流、辐射和蒸发三者综合的散热效果。一般 H 值越大，散热条件越好。工作时感到比较舒适的卡他度见表 5-12。

表 5-12 工作时较舒适的卡他度

卡他度	劳动状况		
	轻劳动	中等劳动	重劳动
干卡他度	>6	>8	>10
湿卡他度	>18	>25	>30

四、微气候环境对人体的影响

1. 高温作业环境对人体的影响

一般将热源散热量大于 84kJ/(m² · h) 的环境叫高温作业环境。高温作业环境有三种类型：高温、强热和辐射作业，其特点是气温高，热辐射强度大，相对湿度较低；高温、高湿作业，其特点是气温高、湿度大，如果通风不良就会形成湿热环境；夏季露天作业，如农民劳动、建筑等露天作业。

高温作业环境对人的影响包括以下几个方面。

(1)高温环境使人心率和呼吸加快。人在高温环境下为了实现体温调节,必须增加血输出量,使心脏负担加重,脉搏加速,因此,心率可以作为热负荷的简便指标。另据研究,长期接触高温的工人,其血压比一般高温作业及非高温作业的工人高。

(2)高温作业环境对消化系统具有抑制作用。人在高温下,体内血液重新分配,引起消化道相对贫血,由于出汗排出大量氯化物以及大量饮水,胃液酸度下降。在热环境中,消化液分泌量减少,消化吸收能力受到不同程度的抑制,因而引起食欲缺乏、消化不良和胃肠疾病的增加。

(3)高温环境对中枢神经系统具有抑制作用。高温环境下,大脑皮层兴奋过程减弱,条件反射的潜伏期延长,注意力不易集中,严重时会出现头晕、头痛、恶心、疲劳乃至虚脱等症状。

(4)高温环境下人的水分和盐分大量丧失。在高温下进行重体力劳动时,平均每小时出汗量为 0.75~2.0 L,一个工作日可达 5~10 L。此外,高温工作还影响效率。人在 27 ℃~32 ℃下工作,其肌部用力的工作效率下降,并且促使用力工作的疲劳加速。当温度高达 32 ℃以上时,需要较大注意力的工作及精密工作的效率也开始受影响。

在工业生产方面,人们早就发现一年四季气温变化与生产量的升降有密切关系。曾有学者研究美国金属制品厂、棉纺厂、卷烟厂等工人的工作效率,发现每年隆冬与盛夏时生产量均降低。又据英国方面研究发现,夏季里装有通风设备的工厂,生产量较之春秋季降低 3%,但缺少通风设备的同类工厂,在夏季生产量降低 13%。另外,事故发生率也与温度有关。据研究,意外事故发生率最低的温度为 20 ℃左右;温度高于 28 ℃或降到 10 ℃以下时,意外事故发生率增加 30%。

2. 低温作业环境对人的影响

人体在低温下,皮肤血管收缩,体表温度降低,使辐射和对流散热达到最小限度。在严重的冷暴露中,皮肤血管处于极度的收缩状态,流至体表的血流量显著下降或完全停滞,当局部温度降至组织冰点(-5 ℃)以下时,组织就发生冻结,造成局部冻伤。此外,最常见的是肢体麻木,特别是影响手的精细运动灵巧度和双手的协调动作。手的操作效率和手部皮肤温度及手温有密切关系。手的触觉敏感性的临界皮肤温度是 10 ℃左右,操作灵巧度的临界皮肤温度是 12 ℃~16 ℃,长时间暴露于 10 ℃以下,手的操作效率会明显降低,甚至出现错误操作。

五、改善微气候环境的措施

1. 改善高温作业环境

高温作业环境的改善应从生产工艺和技术、保健措施、生产组织措施等几个方面入手。

(1) 生产工艺和技术措施。

1) 合理设计生产工艺过程。在进行生产工艺设计时,要切实考虑到作业人员的舒适问题,应尽可能将热源布置在车间外部,使作业人员远离热源。热源应设置在天窗下或夏季主导风向的下风头,或在热源周围设置挡板,防止热量扩散。

2) 屏蔽热源。在有大量热辐射的车间,应采用屏蔽辐射热的措施。屏蔽方法有三种:直接在热辐射源表面铺上泡沫类物质;在人与热源之间设置屏风;给作业者穿上热反射服装。

3) 降低湿度。人体对高温环境的不舒适反应,很大程度上受湿度的影响,当相对湿度超过50%时,人体通过蒸发散热的功能显著降低。工作场所控制湿度的方法是在通风口设置去湿器。

4) 提高气流速度。高温车间,通风条件差,影响工作效率。气温越高,影响越大。此时,如果提高工作场所的气流速度,可以提高人体的对流散热量和蒸发散热量。高温车间通常采用自然通风和机械通风措施以保证室内一定的风速。高温环境下,气流速度的提高与人体散热量的关系是非线性的。在中等以上工作负荷,气流速度大于 2 m/s 时,提高气流速度,对人体散热几乎没有影响,因此,盲目地提高气流速度是无益的。

(2) 保健措施。

1) 合理供给饮料和补充营养。高温作业时,作业者出汗量大,应及时补充与出汗量相等的水分和盐分,否则会引起脱水和盐代谢紊乱。一般每人每天需补充水 3~5 kg、盐 20 g,另外还要注意补充适量的蛋白质,维生素 A、B、C 和钙等元素。

2) 合理使用劳保用品。高温作业的工作服应具有耐热、导热系数小、透气性好的特点。

3) 进行职工适应性检查。因为人的热适应能力有差别,有的人对高温条件反应敏感。因此,在就业前应进行职业适应性检查。凡有心血管器质性病变的人,高血压、溃疡病,肺、肝、肾等病患的人都不适宜从事高温作业。

(3) 生产组织措施。

1) 合理安排作业负荷。在高温作业环境下,为了使机体维持热平衡机能,工人不得不放慢作业速度或增加休息次数,以此来减少人体产热量。作业负荷越重,持续作业时间越短。因此,高温作业条件下,不应采取强制性生产节拍,应适当减轻工人负荷,合理安排作息时间,以减少工人在高温条件下的体力消耗。

2) 合理安排休息场所。作业者在高温作业时身体积热,需要离开高温环境休息,恢复热平衡机能。为高温作业者提供的休息室中的气流速度不能过高,温度不能过低,否则会破坏皮肤的汗腺机能。温度在 20 ℃~30 ℃ 最适用于高温作业环境下身体积热后的休息。

3) 职业适应。对于离开高温作业环境较长时间又重新从事高温作业者,应给予更长的休息时间,使其逐步适应高温环境。

2. 改善低温作业环境

改善低温作业环境应做好以下工作。

（1）做好采暖和保暖工作。应按照《工业企业设计卫生标准》（GBZ 1—2010）和《石油化工采暖通风与空气调节设计规范》（SH/T 3004—2011）的规定，设置必要的采暖设备，调节后的温度要均匀恒定。有的作业需要和外界发生联系，外界的冷风吹在作业者身上很不舒适，应设置挡风板，减缓冷风的作用。

（2）增加作业负荷。增加作业负荷，可以使作业者降低寒冷感。但由于作业时出汗，衣服的热阻值减少，在休息时更感到寒冷。因此，工作负荷的增加应以不使作业者出汗为限。

（3）个体保护。低温作业车间或冬季室外作业者应穿御寒服装，御寒服装应采用热阻值大、吸汗和透气性强的衣料。

（4）采用热辐射取暖。室外作业，若用提高外界温度的方法消除寒冷是不可能的；若采用个体防护方法，厚厚的衣服又影响作业者操作的灵活性，而且有些部位又不能被保护起来。因此，采用热辐射的方法御寒最为有效。

3. 推荐的环境微气候

在热环境中，高湿或低湿都会增加机体的热负荷，比同样空气温度正常湿度的环境有更热的感觉。当气温大于皮温时，气流速度加大，促使人体从外界环境吸收更多的热，使人更觉炎热。在寒冷的冬季，低温高湿，气流速度大，则会使人体散热过多，令人更觉寒冷，引起冻伤。

当空气流速为 0.15 m/s 时，即有空气清新的感觉。在室内，即使空气温度适宜，若空气流速接近于零，也会使人产生沉闷的感觉。工作场所的风速以不超过 2 m/s 为宜。空调车间若使用循环风，循环空气中至少应加入10%新鲜空气。德国劳工和社会事务部推荐的生产环境微气候见表 5-13。

表 5-13 德国劳工和社会事务部推荐的生产环境微气候

劳动类别	空气温度/℃			相对湿度/%			空气最大流速/(m·s^{-1})
	最低	最佳	最高	最低	最佳	最高	
办公室工作	18	21	24	30	50	70	0.1
坐着轻手工劳动	18	20	24	30	50	70	0.1
站着轻手工劳动	17	18	22	30	50	70	0.2
重劳动	15	17	21	30	50	70	0.4
最重劳动	14	16	2	30	50	70	0.5

复习思考题

1. 生产环境的主要因素有哪些?
2. 采光和照明对心理过程有哪些影响?如何衡量光线的质量?
3. 色彩在心理过程中有哪些意义?如何在生产环境中应用色彩?
4. 噪声与安全的关系如何?如何控制噪声?
5. 简述改善微气候环境的措施。

第六章

工作分析与人机匹配

在人机系统中，影响工作效率和安全的主要因素有人、机器和环境。要保障人机系统高效、安全地工作，不仅需要选拔能够胜任工作的任职者，还需要通过工作设计，使任职者的人格特征和能力与工作匹配。同时，需要通过对工作环境的优化设计，使人与机器在适宜的工作环境中高效、安全地工作。要选拔能够胜任工作的任职者，就要了解每个工作岗位的任务、性质和特点，了解每个工作岗位对任职者的要求，同时还要了解心理测量和人员选拔的方法。要使任职者的人格特征和能力与工作匹配，就要了解人与机器的功能特性，了解人机匹配的知识。要使人与机器在适宜的工作环境中高效、安全地工作，就要了解环境对人的影响，了解工作环境的优化设计。

第一节 工作分析

在生产活动中，存在着各种各样的职业，不同的职业、不同的岗位需要由不同的人来担任。人和工作的匹配如何，不仅影响工作效率，同时也影响生产的安全程度。因此，做好工作分析是保证生产安全的重要一环。工作分析可以为劳动就业、人员选拔、职工教育、岗位培训和职业职责权限的设置等提供指导和基本依据，因此，进行工作分析具有重要的意义和必要性。

一、工作分析的定义和组成

工作分析也称为职务分析，它是根据调查和研究，对特定工作的任务、性质、特点等基本特征的信息进行分析，并形成专门报告的工作程序。

工作分析一般由两大部分组成：工作描述和工作要求。

1. 工作描述

工作描述主要用来说明工作的物质特点和环境特点，主要包括：职业名称、工作活动和程序、工作条件和物理环境、社会环境、工作待遇等。职业名称指从事工作的名称或代号。工作活动和程序指所要完成的工作任务、工作责任、使用的原材料和机器设备、工艺流程、与其他人的正式工作关系、接受监督以及进行监督的性质和内容。工作条件和物理环境指工作地点的温度、光线、湿度、噪声、毒物、安全条件、地理位置、室内或室外等。社会环境指工作群体中的人数、完成工作所要求的人际交往的数量和程度、各部门之间的关系、工作地点内外的文化设施、社会习俗等。工作待遇指工作时数、工资结构、支付工资的方法、福利待遇、该工作在组织中的正式位置、晋升的机会、工作的季节性、进修的机会等。

2. 工作要求

工作要求主要包括年龄、性别、学历、工作经验等一般要求，健康状况、体力、运动灵活性、感官灵敏度等生理要求，以及观察、记忆、理解、创造、计算、语言表达、性格、气质、兴趣爱好、态度、事业心、合作性、决策、领导能力和特殊能力等心理要求。

二、工作分析的方法

工作分析的基本方法很多，主要有以下几种。

1. 访谈法与问卷法

工作分析中最常采用的是访谈法和问卷法。在工作分析时，先查阅和整理有关工作职责的现有资料，大致了解工作情况后再访问从事这些工作的人员，一起讨论工作的特点和要求。

在访谈的基础上，可以运用问卷表和职责核对表，让职工和管理人员在工作任务清单中找出与自己工作有关的项目，并对各种工作特征的重要性和频次(经常性)打分评级。

2. 观察法与参与法

观察法是对职工的工作过程进行观察，记录工作行为的各方面特点；同时，了解工作中所使用的工具、设备、工作程序、工作环境和体力消耗。

参与法通过直接参与某项工作，从而细致、深入地体验、了解和分析工作的特征与要求。

3. 关键事件法

关键事件法是一种常用的分析方法。该种方法要求管理人员、职工及其他熟悉工作职务的人，记录工作行为中的关键事件，即使得工作成功或者失败的行为特征或事件。在大量收集这些关键事件后,对它们进行分类,并总结出工作的关键特征和行为要求。关键事件法既能获得有关职务的静态信息,也可以了解职务的动态特点。

4. 工作日志法

工作日志法通常由在职员工填写,让职工在工作日志中系统记录每天的工作活动。该方法可以获取其他方法注意不到的细节和感受。

5. 利用资料法

利用资料分两种情况:一种情况是从各种一般资料中,直接收集对特殊环境有用的信息;另一种情况是基于现有资料做出判断,即从相似性质的工作及其对员工个性和能力的要求中,经过分析,确认与要分析的工作相似的要求,以达到工作分析的目的。

6. 技术会议法

技术会议法就是召集管理人员、技术人员举行会议,讨论工作特征与要求。

三、工作分析的程序

工作分析是一个全面的评价过程,一般分为四个阶段:准备阶段、工作定向分析阶段、人员定向分析阶段、分析汇总阶段。

1. 准备阶段

工作分析的内容取决于工作分析的目的和用途。不同的企业和单位有不同的特点和要解决的问题。该阶段主要是根据工作分析的目的和各种限定条件,制订工作分析计划,确定工作分析对象,熟悉环境和工作过程,向有关人员宣传、解释,并把劳动者的整个生产过程分解成若干工作元素和环节。

2. 工作定向分析阶段

该阶段主要是通过观察、调查、问卷等手段确定某一职业所包括的工作性质和特点,包括工作任务、环境条件、设备、工具、操作特点、工作的难度、训练时间、紧张状况、安全要求、脑力和体力要求、身体姿势等。

3. 人员定向分析阶段

该阶段主要是确定从事该职业的人员应当具备的基本条件,包括责任要求、知识水平要求、技术水平要求、创造性的要求、灵活性的要求、体力和体质要求、训练条件的要求、经历要求等。

4. 分析汇总阶段

分析汇总阶段是整个工作分析的最后阶段,是对有关工作性质、人员特征与要求的调查结果进行深入分析和全面总结。工作分析并不是简单机械地收集和积累某些工作标准信息,而是需要对工作的各方面特征和要求做出全盘考察,创造性地发现、分析和总结工作职务的关键成分。在分析和总结的基础上,提出工作描述和工作要求两种材料。常用的工作分析结果表示法有两类,一类以工作说明书或工作规范表的形式呈现,其内容包括工作性质和人员特征两个方面;另一类称为心理图示法,其内容侧重于详细分析任职者的具体特征。

(1)工作说明书主要是对某项工作的性质、任务、责任、工作内容、处理方法,以及任职者的资格和条件的说明记录。工作说明书的格式见表 6-1。工作规范表则主要是规定某项工作的基本职能、工作范围、目标、责任、控制方法、权限以及与其他部门的关系等,并提出对从事该项工作的人员在知识、技能和能力方面应具备的特定要求。工作说明书格式见表 6-2。

表 6-1　工作说明书格式(示例)

岗位名称		辅料库管理员	岗位编号	QK-03-02
所在部门		仓储部	岗位定员	1
直接上级		仓储部部长	职系	管理职系
本职		辅料的出、入库		
职责与任务:				
职责一	职责表述:辅料的出入库管理			
	工作任务	做好收、发使用的有关辅料,确保铺装工作正常运转		
		与售后部门协调合作,出库单及时录入系统,上报财务		
职责二	职责表述:协助导购带领客户看货,负责退货工作			
	工作任务	协助导购在总库看货		
		遇到大批量退货时,做好退货工作,分清单据责任		
职责三	职责表述:月底盘点库存,做月报表;做好仓库的现场管理工作			
	工作任务	月底盘点库存,做到物数一致		
		及时更新月报表		
职责四	职责表述:保证库管物资的质量			
	工作任务	确保物资质量要求,库房的温湿度保持在规定范围之内		
		掌握库管物资的保管期,即将到期物资的情况要及时报告经理		
		做好物资防尘、防锈蚀、防变形、防腐蚀工作		
职责五	职责表述:完成直接上级交办的其他任务			
权力:				
产成品出库、入库的审核权				
有权拒绝无关人员进入库区				

表 6-2 工作规范表格式

技能	责任	能力	工作概况
所需教育	对他人的安全	站_____ 坐_____	地点
所需经验	对他人的责任	攀登_____ 推举_____	类型
	设备或程序	行走_____ 屈身_____	环境
	材料的种类	其他_____ 重复_____	范围
	产品的种类	间歇_____ 变化_____	危险
	其他责任	年龄_____ 身高_____ 体重_____ 性别_____ 注意力一般_____ 注意力集中_____ 注意力高度集中_____	其他

工作名称_____ 工　号_____
部　门_____ 职务工资_____

（2）心理图示法是用图表或文字的描述来反映某职业任职者必须具备的心理特征的一种方法。根据表达形式的不同，可把心理图示法分为：计分法、文字表达法和表格法。

1）计分法。首先把职业活动所涉及的心理能力归纳为 25~30 种类型，然后为每种能力的必要性和重要程度打分，最后把所需能力用折线连接起来。计分法对能力的计分采用 5 点量表（也可用 7 点或 11 点量表计分）。其中，1 分表示不需要这种能力；2 分表示不太需要这种能力；3 分表示可以考虑这种能力；4 分表示比较需要这种能力；5 分表示非常需要这种能力。分值越高，说明这种能力越必要和重要。用计分法描述的某企业质量检验工心理图见表 6-3。

表 6-3　用计分法描述的某企业质量检验工心理图(部分)

5 点量表					心理能力
1	2	3	4	5	
○	○	●	○	○	控制能力
○	○	●	○	○	机械能力
○	○	○	○	●	手指能力
○	○	○	●	○	手臂灵巧
○	○	○	○	●	手眼协调
○	○	○	●	○	触摸能力
○	○	●	○	○	记忆能力
○	○	○	●	○	注意能力
○	○	○	○	●	判断能力
○	○	○	○	●	目测能力

2) 文字表达法是用文字来描述某职业对任职者心理品质的具体要求，用文字表达可以突出对任职者所需的主要心理品质进行描述，而将不需要或不太需要的内容省略。用文字表达法描述的电话铃调整工的心理图见表 6-4。

表 6-4　电话铃调整工的心理图(部分)

心理品质	主要用途
(1) 视觉方面	
对物品差别的感受性(小于 1 mm)	用于发现铃盖上的缺口、压痕飞边、砂眼
对很小距离的目测(1 mm 或小于 1 mm)	用于确定铃钟在铃盖升槽上的位置
(2) 听觉方面	
音色的差别感受性	用于确定铃声的音质
(3) 本体感觉	
对于细微差别的感受性	用于确定接触片自由转动的程度
(4) 运动方面	
双手动作协调	在装配零件时
(5) 注意	
注意力的集中	在倾听音质时，需把铃声与其他噪声区别
(6) 一般个性品质	
沉着和耐心	

3) 表格法是用表格的形式来描述某工作对任职者品质的要求、各种品质的重要性、训练时间等内容。用表格法描述的纺织工心理图见表 6-5。

表 6-5 用表格法描述的纺织工心理图

品质	程度									对于何种操作是必要的
	必要性				频率		训练			
	很必要	必要	有帮助	希望	经常	有时	高度	低度	无训练	
迅速认出不引人注目、照度很差或较远的对象		×			×			×		发现结头、断线以及织物上的小孔
用触觉发现不明显的不平滑处			×	×				×		用手检查织物是否平滑
认出或区别出主要颜色					×		×	×		织彩色布料的工作
估计很短的时间间隔				×		×		×		织机停止在纱管尽头,以缩短寻找纱线的过程
迅速认出稍微偏离规定的形状				×		×			×	在织物上发现由于引错线而偏离原图样的情况

需要指出的是,这几类工作分析结果表示法各有利弊,在实际应用中,需要根据具体情况进行选用,或二者兼用。

第二节 心理测验与人员选拔

心理测验是依据一定的心理学理论,以一定的定量规则作为基础,运用标准化的心理测验工具和统计方法,对人们心理特征和行为做出测量、分析和评价的过程。

心理测验在心理学研究和人员选拔中有着十分重要的作用,是心理学的重要理论基础和不可缺少的工具。第一,心理测验提高了研究的客观性,减少了研究的主观性和片面性,建立起比较客观的心理指标,为解决理论与实际问题提供了客观依据。第二,心理测验使得研究数量化,提高了科学性。第三,心理测验的运用,使得心理学研究的结果有可能相互交流、比较、验证,提高了研究结果的可应用性。第四,采用心理测验,可以简化研究程序,提高效率,普通的管理人员有能力掌握和运用这一研究工具。

一、心理测验的定义和种类

心理测验是借助心理量表,对心理特征和行为进行观测和描述的一种系统的心理测量程序,它是人员选拔预测和评定的有力工具。在选择、设计或运用心理测验时,应首先了解心理测验的种类。

心理测验的种类比较多,有书面测验、仪器测验和口头报告测验。在人员选拔中还常常采用作业测验,让被测试者从事某项工作任务,在作业过程中测量与工作任务有关的各种技能。

心理测验按测试方式可以分成团体测验和个体测验。

心理测验还可以按内容分成两大类:最大成效测验和典型反应测验。最大成效测验通过最大工作成效的测量,评定人们的能力水平。这类测验包括许多智力测验和技能测量。例如,成就测验,集中于测定被测试者完成某一具体任务的能力;能力倾向测验,用于预测被测试者在某种职业或培训学习中取得成功的可能性。能力倾向测验在安全管理中采用得比较多,比如,预测人们能否干好某方面的工作,可运用一般心理能力、机械与空间推理能力和数学能力等工程能力倾向测验。典型反应测验并不测量人们能够干什么,而是测量人们在特定情境中的个性、习惯、兴趣和其他特征。例如,测量和了解职工是不是性格内向、对计算机应用有没有兴趣等。习惯测验也属于典型反应测验,有关被测试者习惯的测量数据对于被测试者的工作成效比较有预测价值。

二、心理测验的理论

测验理论主要有两种:经典测验理论和现代测验理论。

1. 经典测验理论

经典测验理论是根据斯皮尔曼(Spearman)的研究发展起来的。斯皮尔曼认为,任何心理测验所得到的分数(X)都包含着反映对象稳定的心理特征的真分数(T)和由随机因素造成的误差分数(e),斯皮尔曼的分数模型为:

$$X = T + e$$

后来,人们进一步把测量误差分为不稳定误差(es)和不一致误差(ec),得出新的分数模型为:

$$X = T + es + ec$$

不稳定误差是指由于测量过程中情境和时间等因素造成的疲劳、焦虑和记忆的偶然性波动所引起的误差;不一致误差则主要由重复测量时测验程序和操作上的差异而引起。因此,为了使心理测验有效而可靠地反映被测试者的特征、态度和能力水平,应该在测量时控制和稳定测量情境和程序,尽可能减少误差。

安全心理学研究中的许多测验都是以经典测验理论为基础的,但是在应用过程中,这个理论也暴露出一些缺陷。随着在实际应用中越来越强调以单一项目作为基本分析单位,于是产生了现代测验理论。

2. 现代测验理论

现代测验理论的主要目的是确定测量指标和能力、动机、心理负荷等特征之间的数量关系。现代测验理论认为，心理测验所测得的测验分数反映了人们稳定的心理特征，这些特征是不能直接观察和测量的，是潜在的。因此，这个理论又称为潜特征理论。工作动机、积极性、工作能力和工作负荷等都是不可观察的潜特征，对这些特征的测量，只能通过具体的心理测量指标来进行。

现代测验理论主要用于人事测验项目的分析、工作成绩与能力测评表的设计和态度问卷的编制等方面。

三、能力和能力倾向的测量（测验）

1. 能力的结构

人的能力大致可以分成两大类：一般能力和特殊能力。一般能力是能力结构的基础，反映人的基本智力和技能水平；特殊能力则反映人在某些方面的特长和技能。

2. 一般智力测验

在一般智力测验中，使用最广泛的是翁德里克（Wonderlic）人事测验。它包括50个项目，分别测量言语、数字和空间能力，难度逐步提高。这项测量有多种形式，适用于不同类型的人员，测试程序简便，效率比较高，并能用于团体测验。另一个是韦克斯勒成人智力量表（WAIS）。它包括言语和操作两个部分，是一种个别测验，由测试者口头提出问题，答案记在一种特殊的测验表格上，目前在我国仅限于临床诊断和科研使用。

3. 机械和空间能力测验

机械能力测验一般都要求被测试者识别、确认或运用某种机械原理解决问题，最流行的测验之一是贝内特（Bennett）机械理解测验。这一测验特别适合于生产第一线的工人。

空间能力倾向测验主要测量对以平面方式表达的三维空间物体的理解能力，以及在头脑中将三维空间运动的效果表象化的能力。它属于能力倾向测验的一种。

4. 知觉准确性测验

这种测验与机械理解测验一样，适用于许多职业。测验要求被测试者迅速地把测验刺激与标准刺激进行比较，找出不相同的刺激。这种测验的效度比较高，被泛用于科室和文职人员的能力倾向测量。

5. 运动能力测验

这种测验主要测量四肢协调方面的能力，包括感觉运动能力和心理运动能力。

6. 创造能力的测验

创造能力是一种发散性的智力因素。创造能力测验主要包括言语和视觉两个部分。例如，要求人们想象某一物体有多少种用途，并根据所回答的内容的创造性、所想象的用途数目和种类来评定创造能力。

四、兴趣和个性的测量

在安排工作时,还要考虑到企业和部门的客观需要,并注意在实际工作中培养工作兴趣和积极的个性。

1. 兴趣的测量

职业兴趣的测量中,主要有斯特朗·坎贝尔(Strong Campbell)的兴趣测验(SCII)和库德(Kuder)的职业兴趣量表(KOIS)。斯特朗·坎贝尔测验包括124种职业兴趣测量,组成六种职业主题,有研究型、艺术型、企业型等。这个测验要求用"不喜欢""无所谓"或"喜欢"迅速表示自己对300多种活动的偏爱和兴趣。库德职业兴趣测验也包括许多项目,每三项组成一组,要求被测试者必须在一组中选出一项自己最喜欢的和一项自己最不喜欢的,每组都必须做出选择,不得跳过任何一组,也不可在一组中选出两项自己最喜欢的。

2. 个性测量

个性测量方法主要有以下几种。

(1)情境测验法。情境测验法是通过模拟情境对被测试者进行直接测验和观察,从而评定出个性特征。例如,为了给危险性工作挑选操作工,可以模拟工作情境,对候选人员的力量、首创精神、智力、稳定性、对紧张的顺应和领导能力等特征进行测量。

(2)量表测定法。个性评定中采用较多的是量表测定法。它要求被测试者对描述典型行为模式的一系列问题做出回答,以此确定其个性特征。其中,比较流行的是美国加州心理量表(CPI)。它包括480个判断题,测量人们的社会性、支配性、自我控制、忍耐度和灵活性等特征。

(3)投射测验法。投射测验是让被测试者对一些模棱两可的图形或景物做出解释,使他们把自己的愿望和情感投射到这些解释和反应中去。投射测验主要测定人们的动机和情感特征。常用的有罗夏墨迹测验(Rorschach Test)和主题统觉测验(TAT)。罗夏墨迹测验给出各种墨迹图形,要求说明图形的定义,测定人们的心理冲动、敏感性和情绪稳定性等特点。主题统觉测验运用了有关实际情境的图片,要求被测试者解释和说明图片所表示的内容,并根据被测试者的回答确定他们的动机。投射测验的记分和解释都很复杂,难度较高,应该由临床心理学家或精神病学家使用。投射测验主要用于临床心理治疗,在安全预测方面的效度相当低。

五、人员选拔

人员选拔是从申请人中进行挑选,进而决定是否采用的重要程序。在用人单位中,无论招聘新员工,还是提拔老员工,都要涉及人员选拔,人员选拔的优劣直接关系到用人单位的工作效益和安全。因此,人员选拔对于用人单位具有重要的作用。

1. 人员选拔的一般过程

人员选拔的一般过程可分为初选和精选两个步骤。

(1)初选通常包括背景或资格审查以及初次面试两个步骤。背景或资格审查是指审查申请表或应聘信,或向有关证明人进行核实和调查。初次面试则一般由用人单位中的人力资源管理部门负责招聘的人员主持,主要是了解应聘者的受教育状况、工作经历、能力、个性等,以及向应聘者介绍用人单位的基本情况和所聘职位的职责及要求等,是用人单位和应聘者双方增进了解的过程。

(2)精选通常包括测试、再次面试、体格检查、试用期考查。测试主要包括能力测试、操作测试、身体技能测试和心理测试等。再次面试由用人单位的主管部门的负责人、人力资源负责人协同进行,更充分地了解应聘者各方面的情况,补充前几轮筛选中没有得到的或遗漏的信息,从而进一步确定应聘者是否适合其应聘的位置。体格检查是指对应聘者的身体条件进行检查,以确定应聘者是否适合工作要求。试用期考查是指通过试用阶段的考察,以确定应聘者是否胜任工作。

2. 人员选拔的方法

对员工选拔的方法有很多种,下面介绍几种常用的方法。

(1)面试。面试有助于用人单位和应聘者双方增进了解。对于用人单位来说,通过面试可以在一定程度上考察应聘者的气质、知识面、待人处事的应变能力等,是用人单位最后决定是否聘用一个人的重要依据之一;对于应聘者来说,可以进一步了解用人单位是否符合自己的专业特长、兴趣与爱好,帮助应聘者决定是否下决心到该单位供职。

面试的程序主要包括:面试前的准备、面试的实施以及面试结果的评估三个步骤。

1)面试前的准备。面试准备包括确定面试的主考官和对面试进行设计。为了获得更多有关被面试者的信息,在设计问题时应注意尽量采用开口型问题(即对方不能用简单的"是"或"不是"来回答,必须加以解释),同时注意用非引导式的谈话,使对方畅所欲言。最后应该注意确定各种回答的评分标准,以便面试有一个统一的量化标准。

2)面试的实施。面试过程中,要注意营造轻松的氛围,消除被面试者的紧张,这样有助于所了解信息的准确性,使被面试者表现出真实的心理素质和实际能力。面试结束前,主考官还可以留出时间让应聘者提问。

3)面试结果的评估。在面试结束后,主考官应该仔细检查面试记录的所有要点,以避免过早下结论和强调被面试者的负面资料,应根据每位主考官的评价结果对被面试者的面试表现进行综合分析和评价,对被面试者形成总体看法,得出正确评价,以决定是否录用。

有一种面试是能力面试,与注重应聘者以往所取得的成就不同,能力面试关注的是他们如何去实现所追求的目标。在能力面试中,面试主考官要试图找到应聘者过去的成就中所反映出来的特定优点。要确认这些优点,大致步骤如下。

首先，检查岗位规划，明确岗位需要。例如，一个管理职位需要有领导才能。明确需要以后，应聘者要被问及是否担当过这种角色，或在过去的岗位中是否处于类似的情景。一旦主考官发现应聘者过去有过类似的经历，下一步就是确定他们过去负责的任务，然后了解出现问题时他通常所采取的行动，以及行动的结果如何。

（2）测试。虽然面试可以使主考官有机会直观地了解应聘者的外表、举止、表达与社交能力以及某些气质等，但很难了解申请人的诚实、可靠、坚强等内在个性，以及应聘者的实际工作能力。而测试却可以在一定程度上弥补面试的这些缺点。测试就是利用前面介绍的心理测试方法对应聘者的能力、兴趣和内在个性的测试，在人员选拔时可以起到辅助作用。

3. 人员录用

在人员录用时，首先应该遵循重视工作能力的原则，即在合格人选条件差不多的情况下，优先录取那些工作经验丰富而工作绩效较好的人选。其次，如果合格人选的工作能力相同，则要优先录取那些工作动机较好的人选。

第三节　工作设计与人机匹配

工作设计一般称为工作规划，它是总体规划设计的一部分，是从安全的角度，对总体规划中的安全问题进行全面考虑、单独设计，也可以说是总体规划设计中的安全设计。

在工作设计中，人的因素是一个不能忽视的重要条件。要设计好一个高效、安全的机器，不仅要有工程技术知识，还必须有生理学、心理学、人体测量学、生物力学等方面的知识。在工作设计中，为使整个人机系统高效、可靠、安全和操纵方便，必须对人与机器的特性进行权衡分析，使整个系统中人与机器达到最佳配合，即实现人机功能匹配。

一、人机功能特性

进行人机功能匹配，首先要了解人机功能特性。在人机系统中，人与机器所表现的功能是相似的，但各有特点。

1. 人的主要功能

在人机系统中，人主要有三种功能。

（1）人能够通过感觉器官接收环境信息，感知系统的作业情况和机器的状态。

（2）人能够通过大脑对信息处理进行记忆、分析和加工，并进行判断和评价，如做出继续、停止或改变操作的决定。

（3）人能够通过指令和四肢动作对机器进行操纵，如开关机器等。

2. 机器的主要功能

机器在人机系统中所表现的功能与人相似，具有四种功能。

（1）机器能够通过传感器和按键、键盘等装置接收信息和指令。

（2）机器能够通过储存装置储存信息。

（3）机器能够按照设计的程序对信息进行运算、加工和处理。

（4）机器能够通过本身的内部结构产生控制作用，控制运行的速度和力度。此外，机器还能借助信号把指令从一个环节传递到另一个环节。

3. 人机功能特性比较

在工作设计中，首先要按照科学的观点分析人与机器各自的特点，研究人与机器的功能分配，从而扬长避短，使人与机器各尽所长，充分发挥人与机器的优点，做到安全生产。人机功能特征可以从十个方面比较，见表6-6。

表6-6 人机功能特性比较

项目	人	机器
感受能力	能够识别物体的大小、形状、位置和颜色等特征，能够分辨不同音色和某些化学物质	能够接收超声、辐射、微波、磁场等人不能感知的信号，且在感觉速度方面优于人
操纵能力	能够进行各种控制，在自由度、调节和联系能力等方面优于机器，能独立运行	操纵力、速度、精密度、操作数量和范围等方面优于人，但不能独立运行
处理能力	有智力和主观能动性，有创造、辨别、归纳、演绎、综合、分析、记忆、联想、判断、抽象思维等能力，能发现事物运动规律，对问题提出见解和决策措施	无智力（智能机例外）和主观能动性，没有创造能力，只能按照程序设计机械地辨别、归纳、演绎、综合、分析、记忆、判断，不能对问题提出见解
学习能力	具有很强的学习能力，具有阅读、归纳和判断能力，能形成概念和方法	无学习能力
计算能力	计算慢且容易产生误差，不能进行高阶运算，但善于修正误差	计算快而精确，可进行高阶运算，但不善于修正误差
记忆能力	能够记忆大量信息，并进行多途径存取，擅长对原则和策略的记忆	能够迅速存取信息，信息传递能力、记忆速度和保持能力都比人高很多
工作效能	能够依次完成多种功能作业，但不能同时完成多种操纵和在恶劣条件下作业	能够在恶劣环境下工作，可同时完成多种操纵控制，单调、重复的工作也不会降低效率
可靠性	就人脑而言，可靠性高于机器，能够处理意外的紧急事件，但在疲劳与紧急事态下，可能不可靠，人的技术高低、生理及心理状况的好坏等对可靠性都有影响	按照恰当设计制造的机器，能保持高速可靠性，但在超负荷情况下可靠性可能降低，本身的检查和维修能力非常薄弱，不能处理意外的紧急事件

续表

项目	人	机器
连续性	容易产生疲劳，不能长时间连续工作，且受年龄、性别与健康状况等因素的影响	耐久性高，能长期连续工作，但需要适当维护
灵活性	通过教育训练，能够具有多方面的应变能力，适应和应付突发事件的能力强	如果是专用机械，不调整则不能改变其作业用途

从表6-6中可以看出，人在复杂感受能力、信息处理能力、智力、综合判断能力、对情况的决策处理能力、灵活应变能力等方面优于机器，但在准确度、体力、速度和知觉能力方面受限。

机器在操纵力、速度、精确度、高阶运算能力、存储能力、连续作业能力和耐久性等方面优于人，但在性能维持能力、处理能力、判断能力方面受限。

二、人机功能匹配

1. 人机功能匹配的含义

对人与机器的特性进行权衡分析，将系统的不同功能分配给人或机器，即人机功能分配。人机功能分配的目的是通过合理分配人与机器的功能，将人与机器的优点结合起来，取长补短，从而构成高效、安全的人机系统。

进行人机功能分配时，不仅要考虑人与机器各自功能的局限性，还要考虑机器的操纵程度高低对操纵者的要求以及操纵者的功能限制对机器的要求，实现人机相互配合、相互补充、相互协调、相互匹配。如果人机不协调或协调性差，人在操纵机器时就不会舒适和高效，甚至会造成违章操作，如操纵器、显示器、报警器在设计上存在缺陷或未能达到最佳人机匹配就易发生事故。

2. 人机功能匹配的不合理分配

人机功能匹配改变了传统只考虑机器设计的思想，提出了设计要同时考虑人与机器两方面因素的思想，但是如果在设计中没有合理地分配人与机器的功能，同样会造成人机系统的不安全。在人机功能分配中，常见的不合理分配有以下三种情况。

（1）没有科学合理地进行人机功能分配，而错误地把适合人的功能分配给了机器，把适合机器的功能分配给了人。

（2）没有考虑好机器的操纵程度高低对操纵者的要求，以及操纵者的功能限制对机器的要求，结果造成人承担的负荷或速度超过了人的能力极限。

（3）没有根据人执行功能的特点找出人与机器之间最适宜的相互联系的途径与手段。

3. 人机功能匹配的原则

为了克服上述不合理的分配，科学合理地分配人与机器的功能，在人机功能分配时，根据人机功能特性，一般应该遵循的原则是：笨重的、快速的、精细的、规律性的、单调重复的、高阶运算的、大功率的、高温剧毒的、对人有危害的操作等功能应该让机器承担；而人则适合承担指令和程序的安排，图形的辨认或多种信息输入，机器系统的监控、维修运用、设计调试、革新创造、故障处理及应付突发事件等功能。

4. 人机功能匹配应该注意的问题

在工作设计时，为了确保人机系统高效、安全，进行人机功能匹配时还要注意以下几个问题。

（1）信息由机器的显示器传递给人时，应该选择适宜的信息通道，避免信息通道过载而失误；同时，设计应该考虑符合人机学的原则。

（2）信息从人的运动器官传递到机器时，应该考虑人的能力极限和操作范围，所设计的控制器应该高效、安全、灵敏、可靠。

（3）设计时应该充分利用人与机器各自的优势。

（4）使用人机结合面的信息通道和传递频率不能超过人的能力极限，并使设计适合大多数人。

（5）要考虑机器发生故障的可能性，以及简单排除故障的方法和工具。

（6）要考虑小概率事件的处理，对可能造成破坏的小概率事件要事先安排监督和控制方案。

复习思考题

1. 什么是工作分析？如何进行工作分析？工作分析的结果如何表示？
2. 什么是心理测量？简述能力和能力倾向、兴趣和个性的测量方法。
3. 人员选拔的方法有哪些？人员选拔的过程有哪些？
4. 人机功能匹配的一般原则是什么？

第七章

心理救援

　　心理救援由员工帮助计划发展而来。员工帮助计划（Employee Assistance Program，EAP）又称员工心理救助，是由企业为员工设置的一套系统的、长期的福利与支持项目。它通过专业人员对组织进行诊断、建议和对员工及其直系亲属提供专业指导、培训和咨询，旨在帮助解决员工及其家庭成员的各种心理和行为问题，提高员工在企业中的工作绩效。

　　EAP 国际协会主席康纳德·乔根森认为 EAP 不仅仅是员工的一种福利，同时也是对管理层提供的福利。因为在行为科学的基础上，员工心理援助专家可以为员工和企业提供战略性的心理咨询，确认并解决问题，以创造一个有效、健康的工作环境。通过对员工的辅导、对组织环境的分析，帮助 HR 处理员工关系的死角，消除可能影响员工绩效的各方面因素，进而增加组织的凝聚力，提升公司形象，同时影响到整个组织机构业绩目标的实现。

　　EAP 由美国人发明，最初用于解决员工酗酒、吸毒和服用不良药物影响带来的心理障碍。新创企业在机构设置、薪酬方案等诸多方面都处于"试水"阶段，此时可用 EAP 来调整所有人的心态、状态。

　　EAP 服务包括压力管理、职业心理健康、裁员心理危机、灾难性事件、职业生涯发展、健康生活方式、家庭问题、情感问题、法律纠纷、理财问题、饮食习惯、减肥等各个方面，全面帮助员工解决个人问题。

第一节　心理救援与主要使命

一、心理救援的概念

1. 心理救援的含义

(1)心理救援包括心理急救(也称危机干预)和心理援助(也称危机管理),这一概念涉及两个要素:危机事件和干预行为。

(2)心理救援对象是处于危机中的个体。所谓危机,是指人类个体或群体无法利用现有资源和惯常应对机制加以处理的事件或遭遇。所谓危机干预,是指给处于危机之中的个体或群体提供有效帮助和支持的一种应对策略。

(3)心理救援策略是一系列干预技术。心理救援就是干预危机的一种策略,是对遭遇危机创伤的个体或群体及其家属实施及时有效的组织救援、生命抢救、医学康复、社会支持、心理帮助和创伤治疗等一系列综合措施。

2. 典型的心理救援

(1)天灾所致危机创伤后的心理救援。由各种自然灾难所致的灾民或难民的生命救援、心理救助、社会支持、亲友安抚、身心复原等都属于心理救助的范畴。

(2)人祸所致危机创伤后的心理救援。如大连石油爆炸事故后受害者的心理安抚和对家属的哀伤辅导;高铁事故后对受害者物质和精神上的帮助、慰问等。

(3)天灾人祸后的创伤后应激障碍是心理救援的后期任务。灾难之后,一般在一个月内产生的是急性应激反应,在一个月到三个月之内产生的是创伤后应激障碍。心理救援的任务就是救命于危难之中、援助于创伤之时,挽救生命,抚平创伤,是社会组织和专业机构对受害者的社会支持和社会责任,也是一种人文关怀和心理疏导。

3. 心理救援的意义

(1)抢救生命,减少人身伤亡。心理救援首先是抢救幸存者的生命。无论天灾人祸还是意外事故,对于受害者都是一场灾难。灾难后的及时救援对抢救生命和减少人身伤亡具有首要意义。

(2)人文关怀,心理疏导,减轻创伤反应。心理救援的心理学意义在于对灾难或事故对幸存者或亲历者所造成的心理创伤(如急性应激反应、创伤后应激障碍)能够及时地实施心理慰问、心理疏泄、心理支持、心理治疗及哀伤心理安抚等心理疏导和情绪调节,以便及时舒缓其受伤心灵和恐怖情绪,唤醒其对自我生命的珍惜和对未来生活的信念。

二、心理救援的使命

1. 降低受灾群众的恐惧心理

由于生命安全受到威胁和缺少必要的信息支持，受灾群众通常会产生恐惧心理。个体的心理恐惧会导致情绪失控和非理智行为的产生，灾区谣言的传播则会推动群体心理恐惧的发展。因此，除了积极的救援外，还要利用各种有效的手段（如电视、广播、手机短信、布告等），迅速发布有关灾情的权威信息，以阻止相关谣言的传播，降低受灾群众心理恐慌的程度，稳定受灾群众的心理。

2. 消除受灾群众的孤独感

大规模的灾难（如地震）导致很多受灾群众孤单地滞留在生命安全受到威胁的境况下，与亲人失去了联系，与外界失去了接触，社会支持系统遭到彻底的破坏。救援人员要利用与受灾群众直接接触的机会，向他们传达各级政府和社会各界对他们的关怀和支持，使他们感到自己不是唯一的受灾者，鼓励他们和所有受灾者一起克服和战胜困难。

3. 给受灾群众以希望

心理学家认为，希望是人类所有情绪中最重要的一个。在灾区，人们常常会感到希望非常渺茫，因而产生严重的无助感和绝望情绪。对于这种情况，引导受灾群众看到希望，能够坚定他们战胜威胁的信念，形成乐观的态度和对自己命运的控制感，以积极的心态等待进一步的救援。

4. 鼓励受灾群体相互支持

受灾群众在语言、文化习俗和受灾程度上的共同性，使他们不仅能够进行有效的沟通和交流，而且可以产生强烈的心理认同感，从而促进他们之间的相互支持，增强共渡难关的信心。救援人员特别是社区服务人员和志愿者，将熟识、受灾程度相似的受灾群众组织在一起，对他们给予适当的个别和集体指导，是现场心理救援的有效措施之一。

5. 建立现场心理救援所

对严重认知功能障碍、情绪和行为失控的受灾群众，应创造条件，将他们转移到现场心理救援所或类似的机构，对其给予相应的专业处理，进行集体和个别心理危机干预，必要时可以使用镇静药物，使他们渡过心理难关。在条件允许的情况下，可将出现严重急性心理应激的受灾群众转移到安全的地方，接受强化干预和治疗。

三、心理救援的步骤

1. 抢救生命，寻找幸存及伤残人员

心理救援从来就不是孤立进行的，而是与灾后抢救生命同步开展的。因此，危机发生之后，抢救生命就是首要的心理救援。

2. 危机安抚,提供支持和心理安慰

对于抢救出来的幸存者或伤残者,接着就是动员社会的力量,为其提供社会支持和爱心援助,使其在噩梦初醒后缓解恐怖情绪。

3. 创伤援助,提供医疗和心理治疗

在社会支持基础上,需要医学和心理学专业队伍,为幸存者和伤残者的创伤后应激障碍提供针对性的心理治疗,以便有效处理危机心理。

4. 抚平创伤,增强韧性,适应生活

在危机干预的同时,要对幸存者和伤残者进行面对现实和珍爱生命的教育,以及承受创伤的韧性训练,以便其战胜灾难和适应生活。

5. 心理康复,回归社会和创新创造

经过了心理治疗,抚平了灾难造成的创伤,使幸存者和伤残者获得了社会支持,燃起了重新生活的勇气后,重新回归社会,开始创造新的人生。

第二节 心理创伤的危机干预

一、身心创伤与心理康复

1. 事故所致身心创伤模式

依据新行为主义代表人物托尔曼(Tolman)"刺激(S)—中介(O)—反应(R)—结果(C)"的应激过程模式,设计安全心理学的事故所致身心创伤模式如下。

(1) 刺激(Stimulate),或应激源(Stressor),包括自然性应激源(如自然灾害)、社会性应激源(如人祸事故)等。

(2) 中介(Organism),包括生理性中介,如神经系统调节、内脏系统和内分泌系统调节;心理性中介,如认知情绪系统、行为应对系统等。

(3) 反应(Reaction),包括躯体反应,如植物神经反应、内分泌反应、外周神经异常反应;精神反应,如焦虑恐怖性的情绪反应、愤怒攻击性的行为反应等。

(4) 结果(Consequence),指应激过程所产生的结果,可能是适应性的,如身心健康的结果;也可能是适应不良的,如身心疾病的结果、身心受到创伤的结果。

事故所致身心创伤的模式一般具有以下特点:刺激是灾难性的灾祸事件;中介是身心失调性的调节;反应是异乎寻常的躯体反应和心理反应;结果是事故最终引起的身体损伤和心理创伤与痛苦,不仅给个体而且给家庭甚至社会造成了严重的不良后果。

2. 创伤干预后的心理康复

危机事件对个体或群体的损害是多方面的,如身心损伤、亲人亡故、心理悲痛等。因此,创伤后心理康复的目的不仅是预防灾民心理问题的产生,而且要促进灾民自我心理的成长。可以采取以下措施实现创伤干预后的心理复原。

(1)建立精神卫生服务系统。灾后尽快重建灾区的精神卫生服务系统,为受灾群众提供包括心理危机干预在内的基本精神卫生服务,对经济上存在困难的严重心理障碍患者,要建立适当的社会救助机制。

(2)实施创伤心理诊断治疗。针对灾民常见的心理问题,如抑郁症、创伤后应激障碍等的识别和处理,对基层医务人员进行强化培训,使这类疾病患者能够得到及时有效的处理。

(3)开展创伤心理健康教育。灾区各级组织要尽快制定切实有效的心理健康教育和心理辅导体系,为灾民提供服务;在社区层面上要因地制宜地采取措施,及时发现严重的心理障碍患者并将其转诊到专业机构接受治疗。

二、创伤障碍与心理诊断

1. 急性应激障碍

《中国精神障碍分类与诊断标准(第3版)》(CCMD-3)中的急性应激障碍诊断标准如下:以急剧、严重的精神打击作为直接原因;在受刺激后立刻(1小时之内)发病;表现为有强烈恐惧体验的精神运动性兴奋,行为有一定的盲目性,或者为精神运动性抑制,甚至木僵;如果应激源被消除,症状往往历时短暂,预后良好,缓解完全。

(1)症状标准:以异乎寻常的和严重的精神刺激为原因,并至少有下列1项。

1)有强烈恐惧体验的精神运动性兴奋,行为有一定盲目性。

2)有情感迟钝的精神运动性抑制(如反应性木僵),可有轻度意识模糊。

(2)严重标准:社会功能严重受损。

(3)病程标准:在受刺激后若干分钟至若干小时发病,病程短暂,一般持续数小时至1周,通常在1月内缓解。

(4)排除标准:排除癔症、器质性精神障碍、非成瘾物质所致精神障碍,以及抑郁症。

2. 急性应激性精神病

CCMD-3中的急性应激性精神病的定义与诊断标准为:这是一种急性应激障碍的亚型,由强烈并持续一定时间的创伤性事件直接引起的精神病性障碍;以妄想、严重情感障碍为主,症状内容与应激源密切相关,较易被人理解;急性或亚性急病,经适当治疗,预后良好,恢复后精神正常,一般无人格缺陷。

(1)症状标准。

1)病前遭受强烈精神刺激。

2）以妄想或严重情感障碍为主，症状内容与精神刺激因素明显相关，而与个体素质因素关系较小。

（2）病程标准：病程短暂，仅个别病例超过1个月，消除病因或改换环境（如解除拘禁）后症状迅速缓解。

（3）排除标准：排除癔症性精神病，以及其他非心因性精神病。

3. 创伤后应激障碍

创伤后应激障碍（Post Traumatic Stress Disorder，PTSD）由异乎寻常的威胁性或灾难性心理创伤引起，导致延迟出现和长期持续的精神障碍，主要表现为：反复发生闯入性的创伤性体验重现（病理性重现）、梦境，或因面临与刺激相似或有关的境遇而感到痛苦和不由自主地反复回想；持续的警觉性增高；持续的回避；对创伤性经历的选择性遗忘；对未来失去信心。少数患者可有人格改变或有神经症病史等附加因素，从而降低了对应激源的应对能力或加重了疾病过程，使精神障碍延迟发生，在遭受创伤后数日甚至数月后才出现，病程可长达数年。

（1）症状标准。

1）遭受对每个人来说都是异乎寻常的创伤性事件或处境（如天灾人祸）。

2）反复重现创伤性体验（病理性重现），并至少有下列1项：①不由自主地回想受打击的经历；②反复出现有创伤性内容的噩梦；③反复发生错觉、幻觉；④反复发生触景生情的精神痛苦，如目睹死者遗物、旧地重游，或周年日等情况下会感到异常痛苦和产生明显的生理反应，如心悸、出汗、面色苍白等。

3）持续的警觉性增高，并至少有下列1项：①入睡困难或睡眠不深；②易激动；③集中注意困难；④过分地担惊受怕。

4）对与刺激相似或有关的情境的回避，并至少有下列2项：①极力不想有关创伤性经历的人与事；②避免参加能引起痛苦回忆的活动，或避免到会引起痛苦回忆的地方；③不愿与人交往，对亲人变得冷淡；④兴趣爱好范围变窄，但对与创伤经历无关的某些活动仍有兴趣；⑤选择性遗忘；⑥对未来失去希望和信心。

（2）严重标准：社会功能受损。

（3）病程标准：精神障碍延迟发生（即在遭受创伤后数日至数月后，罕见延迟半年以上才发生），符合症状标准至少已3个月。

（4）排除标准：排除情感性精神障碍、其他应激障碍、神经症、躯体形式障碍等。

4. 适应障碍

适应障碍是指因长期存在应激源或困难处境，加上患者有一定的人格缺陷，产生以烦恼、抑郁等情感障碍为主，同时有适应不良的行为障碍或生理功能障碍，并使社会功能受损。适应障碍的病程往往较长，但一般不超过6个月，通常在应激性事件或生活改变发生后1个月内发病。随着事过境迁、刺激的消除或者经过调整形成了新的适应，精神障碍随之缓解。

(1) 症状标准。

1) 有明显的生活事件为诱因，尤其是生活环境或社会地位的改变(如移民、出国、入伍、退休等)。

2) 有理由推断生活事件和人格基础对导致精神障碍均起着重要的作用。

3) 以抑郁、焦虑、害怕等情感症状为主，并至少有下列 1 项：①适应不良的行为障碍，如退缩、不注意卫生、生活无规律等；②生理功能障碍，如睡眠不好、食欲不振等。

4) 存在见于情感性精神障碍(不包括妄想和幻觉)、神经症、应激障碍、躯体形式障碍或品行障碍的各种症状，但不符合上述障碍的诊断标准。

(2) 严重标准：社会功能受损。

(3) 病程标准：精神障碍开始于心理社会刺激(但不是灾难性的或异乎寻常的)发生后 1 个月内，符合症状标准至少已 1 个月。应激因素消除后，症状持续一般不超过 6 个月。

(4) 排除标准：排除情感性精神障碍、应激障碍、神经症、躯体形式障碍，以及品行障碍等。

5. 抑郁发作

抑郁发作患者以心境低落为主，与其处境不相称，可以从闷闷不乐到悲痛欲绝，甚至发生木僵，严重者可出现幻觉、妄想等精神病性症状。某些病例的焦虑与运动性激越很显著。

(1) 症状标准：以心境低落为主，并至少有下列 4 项。

1) 兴趣丧失、无愉快感。

2) 精力减退或疲乏感。

3) 精神运动性迟滞或激越。

4) 自我评价过低、自责，或有内疚感。

5) 联想困难或自觉思考能力下降。

6) 反复出现想死的念头或有自杀、自伤行为。

7) 睡眠障碍，如失眠、早醒，或睡眠过多。

8) 食欲降低或体重明显减轻。

9) 性欲减退。

(2) 严重标准：社会功能受损，给本人造成痛苦或不良后果。

(3) 病程标准。

1) 符合症状标准和严重标准至少已持续 2 周。

2) 可存在某些分裂性症状，但不符合分裂症的诊断。若同时符合分裂症的症状标准，在分裂症状缓解后，满足抑郁发作标准至少 2 周。

(4) 排除标准：排除器质性精神障碍，或精神活性物质和非成瘾物质所致抑郁

6. 恐怖性神经症

恐怖性神经症是一种以过分惧怕外界客体或处境为主的神经症；恐惧发作时往往伴有显著的焦虑和自主神经症状；患者极力回避所害怕的客体或处境，或是带着畏惧去忍受。

（1）诊断标准：符合神经症的诊断标准——以恐惧为主，需符合以下4项。

1）对某些客体或处境有强烈恐惧，恐惧的程度与实际危险不相称。

2）发作时有焦虑和自主神经症状。

3）有反复或持续的回避行为。

4）知道恐惧过分、不合理，或不必要，但无法控制。

（2）严重标准：社会功能受损或有无法摆脱的精神痛苦，促使其主动求医。

（3）病程标准：符合恐怖症诊断标准和严重标准，且持续3个月。

（4）排除标准：排除焦虑症、分裂症、疑病症。

与灾难心理学相关的恐怖性神经症往往是由严重创伤事件引发的一种神经症，它更多属于一种灾难所致的场所恐怖症。典型事件如严重烧伤（如矿井火灾、瓦斯爆炸、电气事故烧伤等）发生时残酷而又令人恐惧的场景，使患者经受难以忍受的痛苦折磨，出现了严重的恐怖症状；治疗时频繁的创面换药、多次植皮手术、后期整形等又不断出现新的刺激，使他们重复体验着创伤经历，在精神上引起强烈反应，出现心理恐怖并伴有强烈的焦虑、悲伤、抑郁等，甚至出现惊恐症状。恐怖性神经症常伴有植物神经功能紊乱等症状，如颤抖、虚汗、口干、头晕、失眠、烦躁、心悸、血压升高、恐惧凝视、社交逃避意向、号哭，甚至大小便失禁等。因此，创伤后的心理危机干预（包括心理诊断、心理护理、心理治疗和心理康复与医疗救治及躯体康复）是受害者战胜自我、重塑人格、再返社会、提高生存质量所需要的。

7. 伤害致残者的心理损害

严重伤害的后果可能会导致受害者永久性的残疾，包括躯体功能障碍、瘫痪、畸形等都会作为长期的心理刺激因素而影响其身心健康。瓦斯爆炸、火灾、严重烧伤患者创面愈合后的外貌畸形、功能障碍等残疾，常给患者留下刻骨铭心的印象，并诱发其心理活动异常。首先是患者对愈后自我形象的心理反应，有的人表现为悲伤，有些人则表现为焦虑或抑郁。随着肢体部分功能的恢复，整形手术对外貌和功能的改善，或再经心理治疗，多数患者能够接受现实，主动配合功能锻炼，最终达到生活自理，有的还可以参加一定的工作。值得指出的是，亲属和社会公众的态度与反应直接影响他们的心理状态，如果亲属对患者愈后容貌及功能障碍能够接受，尽心照料，使其得到亲情的温暖，则有利于促进患者心理康复。如果亲属或配偶对受害者严重畸形和功能障碍接受不了，如分居、分餐、离婚等则会对他们造成严重的精神打击，有的因得不到应有的心理治疗，甚至会自杀。另外，严重烧伤患者痊愈后在与社会接触时，公众的不良反应可加重其心理创伤，致使他们的自尊心受到损害，使他们害怕接触人群，生活空间进一步缩小，生存质量下降。因此，对严

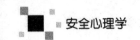

重伤害致残者的心理康复和社会康复是长期、艰巨而复杂的工作，需要社会、单位和家庭等各方面的力量共同给予帮助。

三、创伤抚平与干预原则

1. 总体原则

（1）在事故发生后，首先应该做的是在身体创伤方面进行积极抢救与治疗；在心理创伤方面，首要的是提供情感支持，以缓解紧张情绪为目标，使受害者感到周围有人在帮助他们，不使他们产生孤独无助的感觉。对事故现场的了解应主要靠实地调查分析，要避免急忙向当事人直接询问情况，避免使当事人陷入对创伤刺激的"再体验"之中。国内不少媒体记者或干部在重大伤亡事故发生后常常在事故发生不久就采访或询问受害者，这是很不正确的做法。

（2）在干预工作中，应该让人们了解到，有些反应是正常的创伤后应激反应，并不意味着脆弱或无能，这样或许有利于患者减少回避症状，恢复心理平衡。另外，创伤后心理和行为障碍的症状有长期性、慢性化的特点，如果对患者心理障碍的康复期望过高，反而会增加他们的心理负担，影响康复。所以，在干预工作中努力在患者周围营造一种包容和理解的氛围是十分重要的一项原则。

（3）心理和行为障碍患者在经受严重心理创伤后，常会变得意志消沉，对生活失去兴趣。此时，应重点帮助他们重新树立生活勇气，指导其学习新的认识方法和应付方法，明确立足现实的生活目标，重建"新的世界"。

2. 重在物质与精神支持，促进心理康复

有研究表明，心理创伤事件的强度并不是患者心理和行为障碍发生的决定性因素，事件发生后物质和精神支持的强度不够，生活事件和继发性不利处境等才是主要的患病因素。周围正常人群对受害者的社会心理支持会起到重要的缓冲和保护作用。创伤后实施早期干预措施，进行完善、细微的物质上的照顾和感情上的支持，是减少心理和行为障碍发生及提高预后效果的重要方法。

3. 防止因组织行为过度导致"祸不单行"

在生产中也可见到这种情况：领导者在一次事故发生后，唯恐再发生事故，于是厉声厉色，大会讲，小会提，并制定更加严格的管理措施，但是事故却偏偏接连发生，令人无法捉摸。所以在发生事故后首先要做好心理干预工作，防止加剧恐惧情绪造成过度应激，以致再次发生事故。

4. 积极开展心理治疗工作

心理治疗是对心理和行为障碍患者的主要疗法，常用的方法有认知治疗、行为治疗（松弛疗法、暗示疗法、催眠疗法、生物反馈）、精神分析疗法和集体心理治疗等。对于遭受事故创伤而又患上创伤后应激障碍、恐怖性神经症的患者,以及事故伤残者遗留的心理和行为损害,都应进行心理治疗。因此,各地在建立快速反应急救系统网络时,除了建立由各级政府部门、抗灾中心、执法人员、教育机构、新闻媒体、家庭等组成的灾后社会支持体系外,还应建立一套包括临床医护人员、心理工作者、精神科医生、社区卫生心理保健机构在内的较为完善的灾后人群心理救援体系。

5. 心理恐慌与干预策略

恐慌是人在面临某种直接威胁时做出的一种不协调和无理性的反应行为。在有较多人聚集的场合,还会造成群体性的恐慌现象。如在发生火灾事故、重大爆炸事故、轮船失事以及各种严重自然灾害(如洪水、地震)的情况下,很容易出现恐慌现象。比如,当一家商场发生火灾事故时,人们都试图在大火蔓延之前逃出去,而他们的做法却仅仅是使出口堵塞,造成自己和别人都无法逃脱。当人们知道出口被堵塞时,可能会造成更大的恐慌。为了逃命,他们相互推打践踏,结果导致伤亡人数大大增加。在非群体性场合,恐慌一样使个体的行为产生严重紊乱和非理性,比如在发生微小地震甚至听到有人喊地震时匆忙跳楼等。发生重大事故时也是如此,如煤矿透水、火灾和大面积冒顶事故等,当人们看到事故发生后,由于恐慌而忘记逃生避灾方法和路线(甚至往更危险的方向奔跑)、忘记佩戴自救器和采取应急措施等。

每当重大事故发生时,救护人员不是逃出灾区而是冲向灾区,他们同样会出现恐慌现象,对此应加以重视和预防。救护队员的救灾行动是一种在极危险和恶劣的情况下进行的,他们的工作令人尊敬。在各种极端恶劣危险的处境下,难免会出现恐惧心理和恐慌性异常行为,特别是在缺乏严格训练和未经严格身体与心理选拔的队员那里,表现更为明显。这对救护队员的自身安全和有效救灾十分不利。有的队员在进入救灾现场之前就非常恐慌,进入救灾现场后,面对强烈的现场危险刺激,如能见度很低的环境、顶板的坍塌、高温、浓烟,特别是见到伤亡者的惨状,有的人思想陷入停顿,失去了用理智去解决问题的能力,以致茫然不知所措。例如,矿井救险,入井后便晕头转向,对井下灾害环境下的顶板、风流等要素都感到无所适从。当得知瓦斯浓度达到爆炸界限或突然发现自己的呼吸器中氧气即将耗尽或不慎碰掉口具和鼻夹、呼吸器发生故障、迷失方向或退路被堵等险情威胁自己的生命时,更容易产生慌乱行为,这不仅对救灾十分不利,对自身也是十分危险的。有很多救护队员牺牲在抢险现场,其中不少是由心理恐慌造成行动失误所致。

防止由于恐慌导致事故扩大的最有效措施是制定完备、细致的应急救援方案,对救护队员进行严格的身体素质和安全心理素质的选拔,并进行严格训练。对于一般职工而言,则需进行事故逃生及救灾相关知识的教育和经常性的避灾演习。

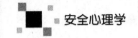

第三节 危机干预的实施方案

一、危机干预的方案与内容

1. 危机干预的工作组织

(1)心理救援医疗队(包括防疫队)在到达指定救灾地点后,应及时与救灾地的救灾指挥部取得联系,成立心理救援协调组,统一安排救灾地的紧急心理危机干预工作。

(2)后期到达统一地点的心理救援医疗队或人员,应该在上述心理救援协调组的统一指挥、组织下开展工作。

(3)各心理救援协调组的工作应及时与所在地精神卫生专业机构沟通和协调,并接受当地卫生行政部门领导。

2. 危机干预的基本原则

(1)以促进社会稳定为前提,根据整体救灾工作部署,及时调整心理危机干预工作重点。

(2)心理危机干预活动一旦进行,应该采取措施确保干预活动得到完整的开展,避免再次创伤。

(3)实施分类干预,针对受助者当前的问题提供个体化帮助。严格保护受助者的个人隐私。

(4)以科学态度对待心理危机干预,明确心理危机干预是医疗救援工作中的一部分,而不是"万能的钥匙"。

3. 危机干预的主要目的

(1)积极预防、及时控制和减缓灾难的心理社会影响。

(2)促进灾后灾民或难民的心理健康重建。

(3)维护社会稳定,促进公众的心理健康。

4. 危机干预的工作内容

(1)综合应用基本干预技术,并与宣传教育相结合,提供心理救援服务。

(2)了解受灾人群的社会心理状况,根据所掌握的信息,发现可能出现的紧急群体心理事件苗头,及时向救灾指挥部报告并提供解决方法。

(3)通过实施干预,促进形成灾后社区心理社会互助网络。

5. 危机干预的四级人群

心理危机干预人群分为四级。干预重点应从第一级人群开始,逐步扩展,一般性宣传教育要覆盖到四级人群。

第一级人群：亲历灾难的幸存者，如死难者家属、伤员、幸存者。

第二级人群：灾难现场的目击者(包括救援者)，如目击灾难发生的灾民、现场指挥人员、救护人员(消防、武警官兵，医疗救护人员，其他救护人员)。

第三级人群：与第一级、第二级人群有关的人，如幸存者和目击者的亲人等。

第四级人群：后方救援人员、灾难发生后在灾区开展服务的人员或志愿者。

6. 干预目标人群的锁定

评估目标人群的心理健康状况，将目标人群分为普通人群和重点人群。对普通人群开展心理危机管理；对重点人群开展心理危机援助。

7. 干预时限和工作时间

(1)紧急心理危机干预的时限为灾难发生后的4周以内，主要开展心理危机管理和心理危机援助。

(2)制订工作时间表。根据目标人群范围、数量以及心理危机干预人员数安排工作。

二、危机干预的队伍与流程

1. 危机干预的心理队伍

(1)心理救援医疗队。心理救援医疗队人员以精神科医生为主，可有临床心理治疗师、精神科护士加入，至少由2人组成，尽量避免单人行动。有灾难心理危机干预经验的人员优先入选，配队长1名，指派1名联络员，负责团队后勤保障和与各方面联系。心理危机干预人员也可以作为其他医疗队的组成人员。

(2)心理危机干预队伍。以精神科医生为主，以心理治疗师、心理咨询师、精神科护士和社会工作者为辅，适当纳入有相应背景的志愿者。在开始工作以前对所有人员进行短期紧急培训。

2. 危机干预的相关准备

(1)了解灾区基本情况。了解灾难类型、伤亡人数、道路、天气、通信和物资供应等；了解目前政府救援计划和实施情况等。

(2)复习灾难引起的主要躯体损伤的基本医疗救护知识和技术，例如骨折伤员的搬运、创伤止血等。

(3)明确即将开展干预的地点，准备好交通地图。

(4)初步估计干预对象及其分布和数量。

(5)制订初步的干预方案或实施计划。

(6)对没有灾难心理危机干预经验的队员，进行紧急心理危机干预培训。

(7)准备宣传手册及简易评估工具，熟悉主要干预技术。

(8) 做好团队食宿的计划和准备,包括队员自用物品、常用药品等。

3. 危机干预的主要流程

(1) 接到任务后按时间到达指定地点,接受当地救灾指挥部指挥,熟悉灾情,确定工作目标人群和场所。

(2) 按照干预方案开展干预;没有制订心理危机干预方案的地方,抓紧制订干预方案。

(3) 分小组到需要干预的场所开展干预活动。一是在医院,建议采用线索调查和跟随各科医生查房的方法发现心理创伤较重者;二是在灾民转移集中安置点,建议采用线索调查和现场巡查的方式发现需要干预的对象,同时发放心理救援宣传资料;三是在灾难发生的现场,在抢救生命的过程中发现心理创伤较重者并随时干预。

(4) 使用简易评估工具,对需要干预的对象进行筛查,确定重点人群。

(5) 根据评估结果,对心理应激反应较重的人员及时进行初步心理干预。

(6) 对筛选出有急性心理应激反应的人员进行治疗及随访。

(7) 有条件的地方,要对救灾工作的组织者、社区干部、救援人员进行集体讲座、个体辅导、集体心理干预等,教会他们简单的沟通技巧、自身心理保健方法等。

(8) 及时总结当天工作,每天晚上召开碰头会,对工作方案进行调整,计划次日的工作,同时进行团队内的相互支持,最好有督导。

(9) 将干预结果及时向当地负责人汇报,提出对重点人群的干预指导性意见,特别是对重点人群开展救灾工作时的注意事项。

(10) 在工作结束后,要及时总结并汇报给有关部门,全队接受一次督导。

4. 危机干预的普通人群

普通人群是指目标人群中经过评估没有严重应激症状的人群。对普通人群采用心理危机管理技术开展心理危机管理。从灾难当时的救援,到整个事件的善后安置处理,都需要有心理危机管理的意识与措施,以便为整个灾难救援工作提供心理保障,包括以下几方面。

(1) 对灾难中的普通人群进行妥善安置,避免过于集中。在集中安置的情况下建议实施分组管理,最好由熟悉的灾民一起组成,并在每个小组中选派小组长,作为与心理救援协调组的联络人。对各小组长进行必要的危机管理培训,负责本小组的心理危机管理,以建立起新的社区心理社会互助网络,及时发现可能出现严重应激症状的人员。

(2) 依靠各方力量参与。建立与当地民政部门、学校、社区工作者或志愿者组织等负责灾民安置与服务的部门或组织的联系,并对他们开展必要的培训,让他们协助参与、支持心理危机管理工作。

(3) 利用大众媒体向灾民宣传心理应激和心理健康知识,宣传应对灾难的有效方法。

(4) 心理救援协调组应该积极与救灾指挥部保持密切联系与沟通,协调好与各个救灾部门的关系,保证心理危机管理工作顺利进行。对在心理危机管理中发现的问题,应及时向救灾指挥部汇报并提出对策，以使问题得到及时解决。

5. 危机干预的重点人群

重点人群是指目标人群中经过评估有严重应激症状的人群。对重点人群采用稳定情绪、放松训练、心理辅导技术开展心理危机救助。

(1)稳定情绪技术要点。

1)倾听与理解。目标：以理解的心态接触重点人群，给予倾听和理解，并做适度回应，不要将自身的想法强加给对方。

2)增强安全感。目标：减少重点人群对当前和今后的不确定感，使其情绪稳定。

3)适度的情绪释放。目标：运用语言及行为上的支持，帮助重点人群适当释放情绪，恢复心理平静。

4)释疑解惑。目标：对于重点人群提出的问题给予关注、解释及确认，减轻疑惑。

5)实际协助。目标：给重点人群提供实际的帮助，协助重点人群调整和接受因灾难改变了的生活环境及状态，尽可能地协助重点人群解决所面临的困难。

6)重建支持系统。目标：帮助重点人群与主要的支持者或其他的支持来源(包括家庭成员、朋友、社区的帮助资源等)建立联系，获得帮助。

7)提供心理健康教育。目标：提供灾难后常见心理问题的识别与应对知识，帮助重点人群积极应对，恢复正常生活。

8)联系其他服务部门。目标：帮助重点人群联系可能得到的其他部门的服务。

(2)放松训练要点。呼吸放松、肌肉放松、想象放松。分离反应明显者不适合学习放松技术。分离反应表现为：对过去的记忆、对身份的觉察、即刻的感觉乃至身体运动控制之间的正常的整合出现部分或完全丧失。

(3)心理辅导要点。通过交谈来减轻灾难对重点人群造成的精神伤害，个别或者集体进行，自愿参加。开展集体心理辅导时，应按不同的人群分组进行，如住院轻伤员、医护人员、救援人员等。目标：在灾难及紧急事件发生后，为重点人群提供心理社会支持；同时，鉴别重点人群中因灾难受到严重心理创伤的人员，并提供到精神卫生专业机构进行治疗的建议和信息。

(4)对重点人群的心理危机干预过程。

1)了解灾难后的心理反应。了解灾难给人带来的应激反应表现和灾难事件对自己的影响程度。也可以通过问卷的形式进行评估，引导重点人群说出在灾难中的感受、恐惧或经验，帮助重点人群明白这些感受都是正常的。

2)寻求社会支持网络。让重点人群确认自己的社会支持网络，明确自己能够从哪里得到相应的帮助，包括家人、朋友及社区内的相关资源等。画出能为自己提供支持和帮助的网络图，尽量具体化，可以写出他们的名字，并注明每个人能给自己提供哪些具体的帮助，如情感支持、建议或信息、物质方面等。强调让重点人群确认自己可以从外界得到帮助，有人关心，可以提高重点人群的安全感。给儿童做心理辅导时，目的和活动内容相同，但形式可以更灵活，让儿童多画画、捏橡皮泥、讲故事或写字；要注意儿童的年龄特点，小学三年级以下的儿童可以只画出自己的网络，不用具体化在哪里得到相应的帮助。

3）应对方式。帮助重点人群思考选择积极的应对方式；强化个人的应对能力；思考采用消极的应对方式会带来的不良后果；鼓励重点人群有目的地选择有效的应对策略；提高个人的控制感和适应性。

三、危机干预的技术与方法

1. "ABC"法

A：心理急救，稳定情绪。

B：行为调整，放松训练，晤谈技术（CISD）。

C：认知调整，晤谈技术+眼动脱敏信息再加工技术。

（1）取得受伤人员的信任，建立良好的沟通关系。

（2）提供疏泄机会，鼓励他们把自己的内心情感表达出来。

（3）对访谈者提供心理危机及危机干预知识的宣教，解释心理危机的发展过程，使他们理解目前的处境，理解他人的感情，建立自信，提高对生理和心理应激的应付能力。

（4）根据不同个体对事件的反应，采取不同的心理干预方法，如积极处理急性应激反应，开展心理疏导、支持性心理治疗、认知矫正、放松训练、晤谈技术等，以改善焦虑、抑郁和恐惧情绪，减少过激行为的发生，必要时适当应用镇静药物。

（5）除常规应用以上技术进行心理干预外，引入规范的程式化心理干预方法——眼动脱敏信息再加工技术。

（6）调动和发挥社会支持系统（如家庭、社区等）的作用，鼓励多与家人、亲友、同事接触和联系，减少孤独和隔离。

2. 心理急救

（1）接触参与。目标：倾听与理解。应答幸存者，或者以非强迫性的、富于同情心的、助人的方式开始与幸存者接触。

（2）安全确认。目标：增进幸存者当前的和今后的安全感，帮助放松情绪，增加自我安全感的确定。

（3）稳定情绪。目标：使在情绪上被压垮的幸存者得到心理平静、恢复情绪反应。可以使用愤怒处理技术、哀伤干预技术。

（4）释疑解惑。目标：识别出立即需要给予关切和解释的问题，立即给予可能的解释和确认。

（5）实际协助。目标：给幸存者提供实际的帮助，比如，询问目前实际生活中还有什么困难，协助幸存者调整和接受因灾难改变了的生活环境及状态，以处理现实的需要和关切。

（6）联系支持。目标：帮助幸存者与主要的支持者或其他的支持来源，包括家庭成员、朋友、社区的帮助资源等，建立短暂的或长期的联系。

（7）提供信息。目标：提供关于应激反应的信息，关于正确应付应激反应、减少苦恼和促进社会恢复的信息。

（8）联系其他服务部门。目标：帮助幸存者联系目前需要的或者即将需要的那些可得到的服务。

3. 心理晤谈

心理晤谈是通过系统的交谈来减轻压力的方法，可以个别或者集体进行，自愿参加。对于住院的轻伤员，或医护人员、救援人员，可以按不同的人群分组进行集体晤谈。

心理晤谈的目标：公开讨论内心感受；支持和安慰；资源动员；帮助当事人在心理上（认知上和感情上）消化创伤体验。

急性期集体晤谈最佳介入时间：在灾难事件发生后 24 小时内不进行集体晤谈，灾难发生后 24~48 小时是理想的帮助时间，6 周后效果甚微，以重建为目的的晤谈可以在恢复期进行。正规的急性期集体晤谈通常由受过训练的精神卫生专业人员指导，指导者必需对小组帮助或小组治疗这种方式有广泛的了解，同时对应激反应综合征有广泛了解。理论上灾难事件中涉及的所有人员都应该参加集体晤谈。

心理晤谈过程：正规分六期，非常场合操作时可以把第二期、第三期、第四期合并进行。

第一期（介绍期）：指导者进行自我介绍，介绍集体晤谈的规则，仔细解释保密问题。

第二期（事实期）：请参加者描述灾难事件发生过程中自己及事件本身的一些实际情况；询问参加者在这些严重事件过程中的所闻、所见、所嗅和所为；每一位参加者都必需发言。

第三期（感受期）：询问有关感受的问题，如事件发生时您有何感受？您目前有何感受？以前您有过类似感受吗？

第四期（症状描述期）：请参加者描述自己的应激反应综合征症状，如失眠，食欲不振，脑子不停地闪出事件的影子，注意力不集中，记忆力下降，决策和解决问题的能力减退，易发脾气，易受惊吓等；询问灾难事件过程中参加者有何不寻常的体验，目前有何不寻常体验，事件发生后，生活有何改变，请参加者讨论其体验对家庭、工作和生活造成的影响。

第五期（辅导期）：介绍正常的应激反应表现，提供准确的信息；讲解事件、应激反应模式；自我识别症状，将应激反应常态化，动员自身和团队资源互相支持，强调适应能力；讨论积极的适应与应付方式；提供有关进一步服务的信息；提醒可能出现的并存问题（如过度饮酒）；根据各自情况给出减轻应激的策略。

第六期(恢复期)：拾遗收尾；总结晤谈过程；回答问题；提供保证；讨论行动计划；重申共同反应；强调小组成员的相互支持；主持人总结。

整个晤谈过程需 2 小时左右。严重事件后数周或数月内进行随访。

心理晤谈的注意事项如下。

(1)对那些处于抑郁状态的人或以消极方式看待晤谈的人，可能会给其他参加者添加负面影响。对这些人应尽量避免晤谈。

(2)鉴于晤谈与特定的文化性建议相一致，有时文化仪式可以替代晤谈。

(3)对于急性悲伤的人，如家中亲人去世者，并不适宜参加集体晤谈。因为受到高度创伤者可能给同一会谈中的其他人带来更具灾难性的创伤。

(4)不支持只在受害者中单次实施。

(5)受害者晤谈结束后，干预团队要组织队员进行团队晤谈，缓解干预人员的压力。

(6)不要强迫叙述灾难细节。

4. 松弛技术

松弛技术要点见前文"放松训练要点"。

复习思考题

1. 心理救援的基本概念是什么？
2. 事故创伤的心理与行为障碍主要有哪些？如何对这些问题加以解决？
3. 事故创伤后心理干预的方法主要有哪些？
4. 重大灾害事故心理救援对安全生产有何意义？

参考文献

[1] 高等学校安全工程学科教学指导委员会. 安全心理学[M]. 北京：中国劳动社会保障出版社，2007.

[2] 邵辉，邵小晗. 安全心理学[M]. 2版. 北京：化学工业出版社，2018.

[3] 郑林科，张乃禄. 安全心理学[M]. 西安：西安电子科技大学出版社，2014.

[4] 伍培，刘义军，伍姗姗. 安全心理与行为培养[M]. 武汉：华中科技大学出版社，2016.

[5] 邵辉，王凯全. 安全心理学[M]. 北京：化学工业出版社，2004.

[6] 尹贻勤. 安全心理学[M]. 北京：中国劳动社会保障出版社，2015.

[7] 杨鑫刚，孙小杰，任国友. 多方博弈下建筑工人有意识不安全行为致因分析[J]. 安全，2020，41(7)：70-74.

[8] 杨鑫刚，苏克，王起全. 人际关系对建筑工人个人安全绩效的影响研究[J]. 建筑安全，2020，35(1)：51-55.

[9] 康良国，吴超，王秉. 企业员工心理安全感的基础性问题研究[J]. 中国安全生产科学技术，2019，15(7)：20-25.

[10] 武乾，常文广，王利华. 建筑施工伤亡事故时间规律分析[J]. 工业安全与环保，2014，40(4)：60-62.

[11] 李广利，董刚. 矿工情绪智力对安全绩效的影响研究[J]. 安全与环境学报，2019，19(6)：2009-2015.

[12] 杨雪，冯念青，张瀚元，等. 情感事件视角矿工不安全行为影响因素SD仿真[J]. 煤矿安全，2020，51(3)：252-256.